陪 伴 女 性 终 身 成 长

有趣、有料，还有范儿的咖啡知识百科

你不懂咖啡

[日] 石胁智广 著

从研喆 译

江苏凤凰文艺出版社
JIANGSU PHOENIX LITERATURE AND ART PUBLISHING

前言

我是一名咖啡爱好者，手持名为“科学”的指南针，快乐地在“咖啡森林”中徜徉。有时，我会在前人开拓好的道路上行进，发现隐藏于专业技巧背后的小知识，毫无保留地与大家分享。有时，我又会迷失于“常识的小径”，发现众所周知的常识背后的错误。然而，无论怎样我都会朝着咖啡的“核心”迈进，努力用我所汲取的知识和经验开辟通往真知的道路。

在这场探索的旅途中，我遇见了各种各样的咖啡爱好者，我会和他们一起畅谈咖啡世界里的趣事。同时，我也遇到了很多不知如何前进而徘徊于这片“咖啡森林”之外的人。时至今日，我手中的“指南针”帮助我与这些朋友解决了有关咖啡的各种各样的问题。而我也感受到了分享这些知识所带来的快乐。正是这样的体验，让我产生了这样一个想法——我一定要出一本普及咖啡知识的书。

最后，我终于写成了这本图文并茂的趣味小书。无论你是准备迈入“咖啡森林”的人，还是在森林中迷了路的人，还是沉浸于森林的美景而驻足不前的人，抑或是在森林中想开辟一条新路的人；无论你是专业玩家，还是普通爱好者，希望这本书都能给你带来一些思考与启发。

本书用简单而浅显的问答形式阐述了广泛而专业的咖啡知识。建议大家可以先大致浏览本书，然后再有选择性地阅读自己感兴趣或有疑问的章节。如果看完后，你能有恍然大悟的感受，那么这本书就真的是一本具有指导意义的好书了。

感谢你能抽出时间阅读此书。

石胁智广

目录

❶ 了解咖啡的常识

❷ 了解咖啡的成分

③ 如何冲泡出美味的咖啡

——咖啡的选购、萃取、研磨、保存

选购

萃取

保存

4 了解咖啡的加工

——生豆的处理、烘焙、混合、包装

生豆的处理

烘焙

混合

包装

5 了解更多的咖啡知识

——栽培、精选、流通、品种

1

了解咖啡的常识

Q1

咖啡豆是豆子吗？咖啡到底是什么样的植物？

咖啡豆是咖啡树果实的种子经烘焙而成的。

咖啡树隶属于被子植物门双子叶植物纲茜草目茜草科中的咖啡属。而咖啡属的树种有七十多种，其中主要用于商业用途的只有阿拉比卡和卡内弗拉两种。即使是这两种中的卡内弗拉种，很多人也不是很熟悉。卡内弗拉种一般被称为罗布斯塔种，其实，罗布斯塔种仅仅是卡内弗拉种中的一个分支，因为广为人知，罗布斯塔种便渐渐成为卡内弗拉种的代名词。

阿拉比卡种约占目前咖啡产值的65%，有铁皮卡、波旁等众多品种。虽然该品种的味道广受好评，但是却也有易染病害的弱点。摩卡、乞力马扎罗、蓝山等都是消费者非常喜爱的阿拉比卡种咖啡中的名牌品种（参照Q72）。

卡内弗拉种约占目前咖啡产值的35%，有罗布斯塔种、科尼伦种等。它的特点是有独特的大麦茶香和比较重的苦味，同

● 咖啡树的植物学分类

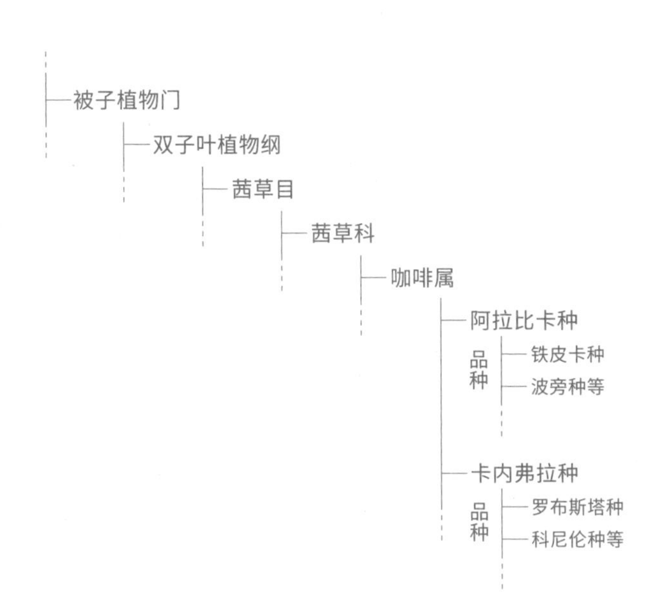

时又有较强的抗病性。1900 年阿拉比卡种遭受了严重病害，以此为契机，卡内弗拉种得到了广泛的普及。

除了以上两大品种外，还有利比里卡种等产地在亚洲和西非的品种，这些仅占目前咖啡产值中的 1%~2%。

那剩下的六十多种咖啡树就完全没有商业用途了吗？对于这一点，现阶段我们还不能给出一个明确的答案。近年来，各种生物技术突飞猛进地发展，我相信在不远的将来，其他品种的咖啡树也能够有更多的商业用途。

Q2

咖啡树的鼻祖是什么？它是以什么样的方式普及的？

不同种子的咖啡树，其鼻祖、传播路径也各不相同。

阿拉比卡种的咖啡豆最早生长在埃塞俄比亚。公元 6~9 世纪，作为饮品的咖啡豆的原材料被带到了也门（旧称阿拉伯），但阿拉伯人为了避免被其他国家种植，所有的咖啡豆只有经过去壳手续后才会出口。直到 1699 年，荷兰的东印度公司才将咖啡种子带到印度尼西亚爪哇岛并栽培成功。用这些咖啡种子精心培育出的几株咖啡树苗，在 1706 年又被人们从爪哇岛运送到阿姆斯特丹的植物园进行栽培。之后，在 1713 年，这些种子的幼苗被送给了法国的路易十四。这便是中南美咖啡的起源。

1720 年左右，一位叫克利的法国军官将咖啡树苗从巴黎的植物园带到了他上任的马提尼克岛，并将这些历经航海艰辛的咖啡树苗栽培成功。从此，咖啡树便开始在加勒比海地区各国乃至中南美各国广泛传播开来，以这条路径传播开的咖啡豆品

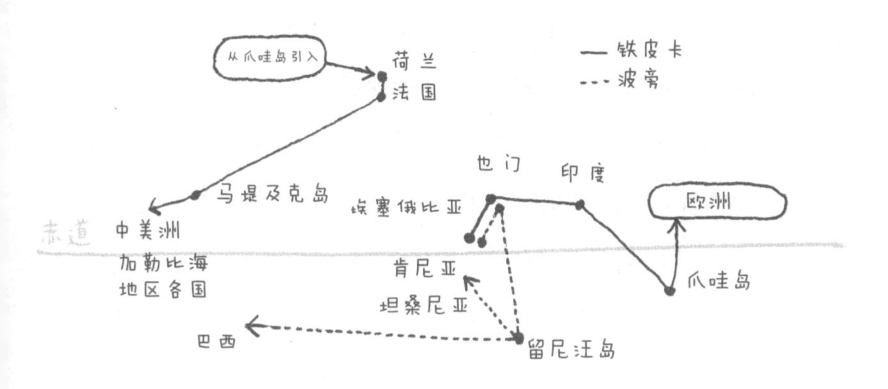

从爪哇岛引入
荷兰
法国
铁皮卡
波旁
也门
印度
马堤及克岛
埃塞俄比亚
欧洲
赤道
中美洲
加勒比海
地区各国
肯尼亚
坦桑尼亚
爪哇岛
巴西
留尼汪岛

阿拉比卡种

阿拉比卡

种便是铁皮卡咖啡豆了。我在2006年参观了巴黎和阿姆斯特丹的植物园，但最早那个时代的咖啡树已经没有了，阿姆斯特丹植物园的研究人员告诉我，在马提尼克岛上可能还有那个树种。

据说，阿拉比卡种的咖啡传播途径还有一个，那就是在1717年被法国人从爪哇岛带到了波旁岛（现在的留尼汪岛）的阿拉比卡种在当地发生了基因突变。而这些突变的种子又被移植到了旧时英殖民地的非洲（现在的肯尼亚、坦桑尼亚），之后又被带到了中南美洲。通过这个路径被广泛传播的品种，就是古老的波旁咖啡豆了。

卡内弗拉种的历史较短，它是在19世纪，于维多利亚湖（横跨肯尼亚、坦桑尼亚、乌干达的非洲最大的淡水湖）的西边被发现的。1860年到1880年间，阿拉比卡种遭受严重的病害，而卡内弗拉种的抗病能力较强，因此受到了人们广泛的好评。在这之后，它得到了快速的引进、推广和种植。1898年，它从英国皇家植物园（邱园）传播到新加坡、特立尼达。从那时开始，卡内弗拉种就遍布了各个热带地区，1900年，又由比利时引入爪哇岛。

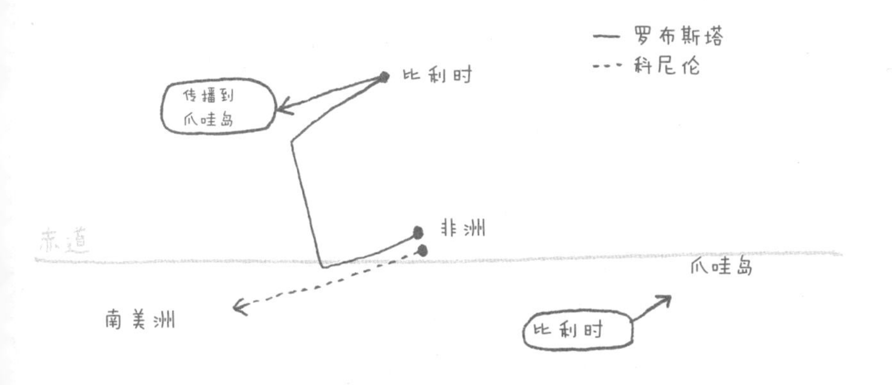
— 罗布斯塔
--- 科尼伦
比利时
传播到
爪哇岛
非洲
赤道
爪哇岛
南美洲
比利时

卡内弗拉种

卡内弗拉

Q3

咖啡树是如何生长和结果的？

在苗床中培育一段时间之后，生长较好的幼苗就会被移植到种植园中。为了让幼苗能够茁壮成长，要及时地给它们浇水、施肥与除草。另外，还需要防治病虫害。

经过精心培育，咖啡树从播种到开花需要三年左右的时间。咖啡树一年开一次花，旱季过后的雨天，就是花开的信号，等到那时咖啡树的花朵会一起盛开，原本绿色的种植园会变成一片白色的、散发着诱人香味的花的海洋。

咖啡树的花期非常短，这些美丽的咖啡花在三天左右就会枯萎，一周左右就会凋零，之后便会结出小小的果实。阿拉比卡种的咖啡花是雌雄同株的，即雌蕊和雄蕊都在同一朵花中，所以即使不借助风力或昆虫的帮助，也能够受精并结出果实。最初的时候咖啡果实小小的、呈青色，随着一天天成熟，果实就会慢慢变得越来越大，颜色也会变成红色（由于品种不同，有的果实是黄色的）。然后就会迎来令人期盼的收获季节。

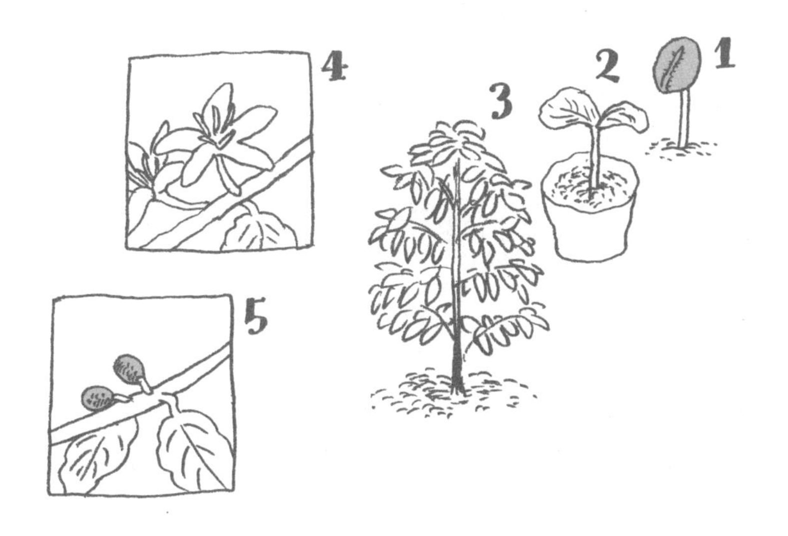

收获后，种植园的农夫们会对土地进行施肥、修剪等管理，为来年的种植和收获做准备。农夫们将咖啡豆从果实中取出后，会把剩下的果肉用作肥料。一杯品质稳定、质量上乘的好咖啡，离不开农夫们的辛勤劳作。

咖啡树的树龄有多长？如果每年都要结很多果实，那么它的寿命也就只有十几年，到期就需要种植新的咖啡树；如果没有大量结果，那么咖啡树的寿命大概可以持续几十年。我见过的生长最久的咖啡树，树龄长达 70 年。据说，世界上还存在着百年树龄的咖啡树。就像人类一样，有的咖啡树一生旺盛却短暂，有的则平凡而长久。

Q4

种植咖啡的国家和地区有哪些？

咖啡树是热带植物，需要种植在温暖的地方。咖啡树的主要种植区域分布在以赤道为中心的南纬25°与北纬25°之间，这个区域被称为“咖啡带”。不过，即便是在咖啡带里，阿拉比卡种与卡内弗拉种也不会分布在完全一样的区域，而是生长在各自更适应的环境中。

怕冷的卡内弗拉种一般生长在低地，而怕热的阿拉比卡种则大多被栽种在高地。如果远离赤道、又在高地的话，温度就会下降。所以即便是同一个品种，如果远离赤道种植就需要选择海拔较低的地区，这是种植者都知道的常识。如果栽种在温度低的地方，咖啡豆的收获期就会相对变得更长。如果被种植在海拔落差大的地域或南北走向的地域，咖啡豆的收获期也会相对变得更长。

卡内弗拉种要比阿拉比卡种的咖啡树培育起来更容易些。虽然和阿拉比卡种相比，卡内弗拉种的抗旱性比较差，但是它

耐热强的"卡内弗拉小姐"

⊙ 无论什么土壤都能生长
⊙ 不喜欢寒冷和干燥的气候

既怕冷又怕热的"阿拉比卡小姐"

⊙ 喜欢住在凉爽地方
⊙ 味道是好，却是一位不能受热也不能受寒的"娇小姐"

对土壤的要求较低，什么样的土壤都可以培育成功。有些土壤种植阿拉比卡种不容易成活，但是种植卡内弗拉种却可以成活。

阿拉比卡种的种植则需要更严苛的条件，对土壤的要求也更高。不仅需要排水性良好、能让根部充分生长的蓬松土质，而且还得是肥沃的酸性土壤，从栽培上来说，地域的限定性很强。所以，有的咖啡种植者会在不适合阿拉比卡种生长的土壤中先种植卡内弗拉种，然后再将阿拉比卡种嫁接到卡内弗拉种的主干上进行培育。

即使在远离咖啡带的日本，也是可以种植咖啡树的。实际上，早在日本明治初期（1868年~1879年），日本小笠原群岛上的人们就曾经尝试栽培过咖啡树，时至今日，那里仍然有小规模的种植生产。另外，在冲绳等地也有商业用的咖啡豆生产。如果使用温室栽培，即使在本州岛也可以种植咖啡树。我曾经亲自种植过数株咖啡树，经过三年的精心培育，也感受到了那种似乎只能在原产地才能闻到的茉莉味道的咖啡花香。而且，虽然一株咖啡树可以收获能制作数杯咖啡的咖啡豆，但是味道却没有那样香浓。这也使我亲身感受到，只有在合适的地方，经过精心的培育和严格的筛选，才能种植出品质优良的咖啡豆。

Q5

咖啡的果实和种子是什么样的？

咖啡果实是椭圆形的，咖啡花在脱落后，果实只有火柴头的大小，经过 6~8 个月的生长才会慢慢变大。栽培环境和品种不同，收获时咖啡果的大小也不一样。阿拉比卡种的果实长约 1.5~2cm，横截面直径约 1~1.5cm；卡内弗拉种的果实要比阿拉比卡种的略小一些。

随着咖啡果实的成熟，咖啡果的颜色也会渐渐变红（由于品种不同，有的果实是黄色的）。当果实完全成熟的时候，果肉就会变得非常松软。咖啡果的肉质并不厚，但味道却比较甜。在收获的季节，经常能看到前来咖啡园中帮忙的孩子们将果实塞到嘴里吃的情景。

剥掉果肉后，会看到种子上有一层薄薄的皮，这就是咖啡豆的内果皮，而包着内果皮的种子又叫作“羊皮纸咖啡豆”。在内果皮表面还附着一层黏黏的物质，这层黏质物叫果胶。想要取出咖啡豆，就必须将果肉、果胶、内果皮都去掉才行。

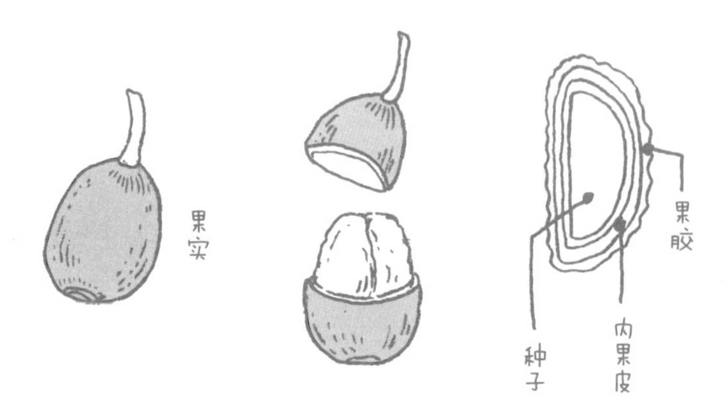

一颗咖啡果实中，一般对立生长着两颗扁平的种子，所以咖啡豆一般会有一面是平的。这种有一面是平面的咖啡豆，我们叫它“平豆”。

还有一些咖啡果实中只长了一颗种子（占总量的 5%~20%），这是由于受粉或环境因素的影响，导致一侧的种子生长严重恶化而造成的。这些咖啡豆看起来圆圆的，我们称作“圆豆”。通常情况下，长出圆豆时，另一侧就不会长出种子。

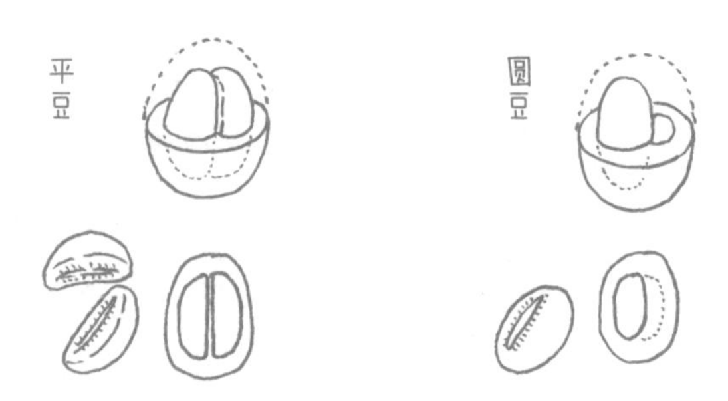

在咖啡豆分选工序中（区分大小、挑出质量欠佳的咖啡豆的工序），要将圆豆从平豆中挑选出来。由于咖啡圆豆的数量稀少，所以要和习以为常的咖啡平豆区别销售。巴西米纳斯、牙买加蓝山等地的咖啡圆豆非常有名，比咖啡平豆售卖的价格高。但对于农户来说，本来一个果实里应该结两颗咖啡豆，结果却只长了一个，这样就会大大影响咖啡豆的产量，所以这也不是什么令人高兴的事情哦。

Q6

要经过哪些工序，咖啡果实才能变成一杯真正的咖啡？

从咖啡果实到一杯真正的咖啡，经过了很多道工序，包含了无数人的辛劳。

首先，人们要从收获的咖啡果实中取出种子，进行“咖啡生豆”的加工，这道工序叫“精选”。在“精选”工序中，要将果肉、内果皮去除，这叫“精制”。在此之后，要将咖啡豆进行大小区分，然后挑出品质差的豆子，这道工序叫作“分选”。经过这些工序制作出的咖啡生豆，会被密封装到袋子里，出口到咖啡消费国。

进口的咖啡生豆会由专业人士对其进行“烘焙”“混合”。这些专业人士就是烘焙师，加工好的咖啡豆就是烘焙豆。

经过烘焙的咖啡豆，就达到可以饮用的初级状态了。市面上，有的商家会直接将烘焙豆卖给消费者；也有的会将其磨成粉末，制成咖啡粉进行售卖。将咖啡豆磨成粉末的机器，就是咖啡磨。

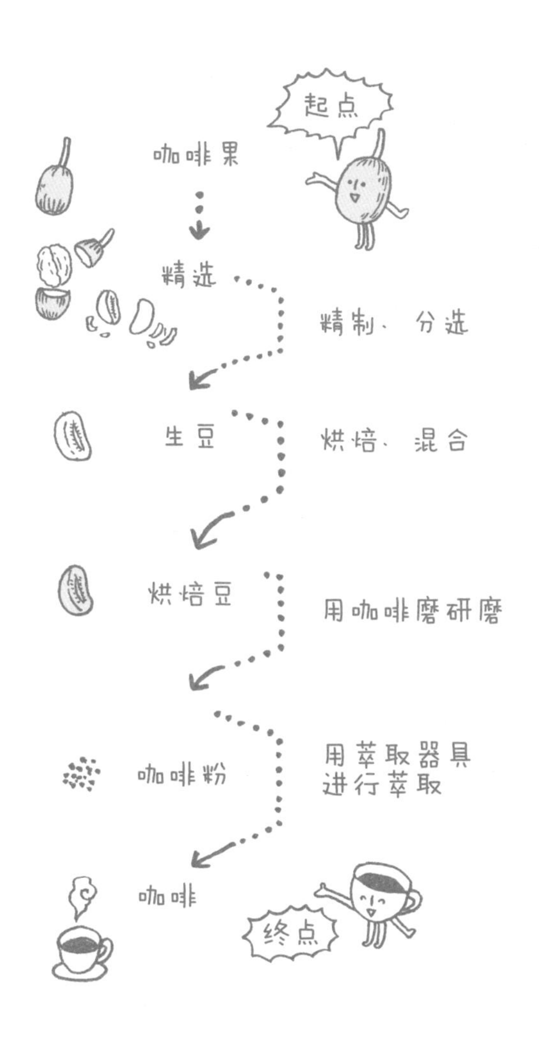

将买来或自己研磨的咖啡粉放入萃取器具中，再倒入热水，一杯咖啡就冲好了。咖啡冲泡的工序叫作“萃取”，主要的萃取器具有滤纸滴漏式、法兰绒滴漏式、法式滤压壶、虹吸式等。

全世界每天要喝掉多少咖啡？各地的喝法一样吗？

据 ICO（International Coffee Organization，国际咖啡组织）2007 年的统计，咖啡进口量最大的国家是美国，进口量是日本的近三倍，居第 2 位的是德国，日本位居第 3 位；如果把出口国也算在内，按照咖啡消耗量进行统计的话，巴西居第 2 位，居第 3 位的是德国，日本居第 4 位；如果按照人均消费量进行排名，芬兰、挪威、比利时 - 卢森堡、丹麦等的排位就会提前，日本的人均消费量只达到芬兰人的 1/4，连前 10 名都进不去，也就是人均每天不到一杯。这是按照理想的消费状况进行统计的，市场的变化会对消费量产生一定的影响。

至于咖啡的饮用方法，世界各地都不相同。在咖啡的发源地埃塞俄比亚，有着类似于日本茶道的“咖啡仪式”这样的传统习俗。在北欧，人们只饮用咖啡煮好后上面澄清的部分。

不仅是咖啡的种子可以食用，在也门和埃塞俄比亚，有人会将干燥的果肉煎煮饮用，还有人会将叶子进行煎煮，作为茶饮用。这两种饮用方法我在当地都品尝过，这些饮品与我们平时喝的咖啡相比，也别有一番滋味哦。

在日本，一般家庭都会饮用咖啡，较为普遍的咖啡萃取方式是滴漏式。而这种冲泡方式一般也是家庭冲泡咖啡的理想选择之一。但是我个人非常希望，咖啡店能够重新兴旺起来，这样我们就能去咖啡店感受喝咖啡的氛围了。我常常回忆起 20 世纪 70 年代，那时的咖啡店很兴旺，可当时的社会总是把咖啡店当成教坏年轻人的不良场所。现在，我们的咖啡店数量只有当时的一半，很难再找到那个年代的氛围了。

● 年度进口量前 5 名

名次	国家	数量
第 1 名	美国	1426440t
第 2 名	德国	1112460t
第 3 名	日本	457920t
第 4 名	意大利	456000t
第 5 名	法国	384060t

● 年度消费量前 5 名

名次	国家	数量
第 1 名	美国	1217940t
第 2 名	巴西	960000t
第 3 名	德国	515040t
第 4 名	日本	436080t
第 5 名	意大利	328320t

● 年度人均消费量前 5 名

名次	国家	数量
第 1 名	芬兰	12.04kg
第 2 名	挪威	9.65kg
第 3 名	比利时、卢森堡	9.38kg
第 4 名	丹麦	9.21kg
第 5 名	瑞士	9.14kg

ICO 2007 年度统计

* 最新数据可登录 ICO 官网（https://www.ico.org/）查询

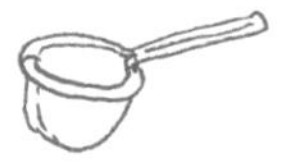

2

了解咖啡的成分

Q7

咖啡生豆中含有哪些成分？

咖啡生豆中，水分含量为9%~13%，不过水分对咖啡豆的香味几乎没有什么影响。接下来，我会介绍咖啡生豆中各种成分的含量（按照干燥后生豆的状态计算）。当这些成分的占比率发生变化时，咖啡豆的风味也会发生不同的变化。

多糖类

咖啡生豆中含量最多的就是多糖类，占35%~45%。虽然被称之为糖，但其实一点都不甜，这里的多糖类指的是构成植物细胞骨架的纤维等。阿拉比卡种与卡内弗拉种中多糖类的含量没有太大区别。

蛋白质

咖啡生豆中蛋白质的含量是12%。蛋白质和多糖类都是构成植物细胞骨架的重要成分。关于蛋白质的含量，阿拉比卡种与卡内弗拉种也没有很大的区别。

脂类

除了多糖类和蛋白质，咖啡生豆中也含有脂类，咖啡豆中的脂类是由亚油酸、棕榈酸等油脂构成的。从油脂的含量来看，阿拉比卡种的油脂含量较高，占20%左右，而卡内弗拉种的油脂成分最多占10%。

低聚糖类（蔗糖）

咖啡生豆中蔗糖（这里指砂糖）的含量，阿拉比卡种占10%，卡内弗拉种占3%~7%。

绿原酸类

咖啡生豆中绿原酸类的含量，阿拉比卡种占5%~8%，卡内弗拉种占7%~11%。绿原酸的种类非常多，有些种类的绿原酸只有卡内弗拉种的咖啡生豆中才有。

酸类（除绿原酸类以外）

除绿原酸类以外，咖啡生豆中还含有柠檬酸、苹果酸、奎尼酸、磷酸等，这些酸加起来只占2%。

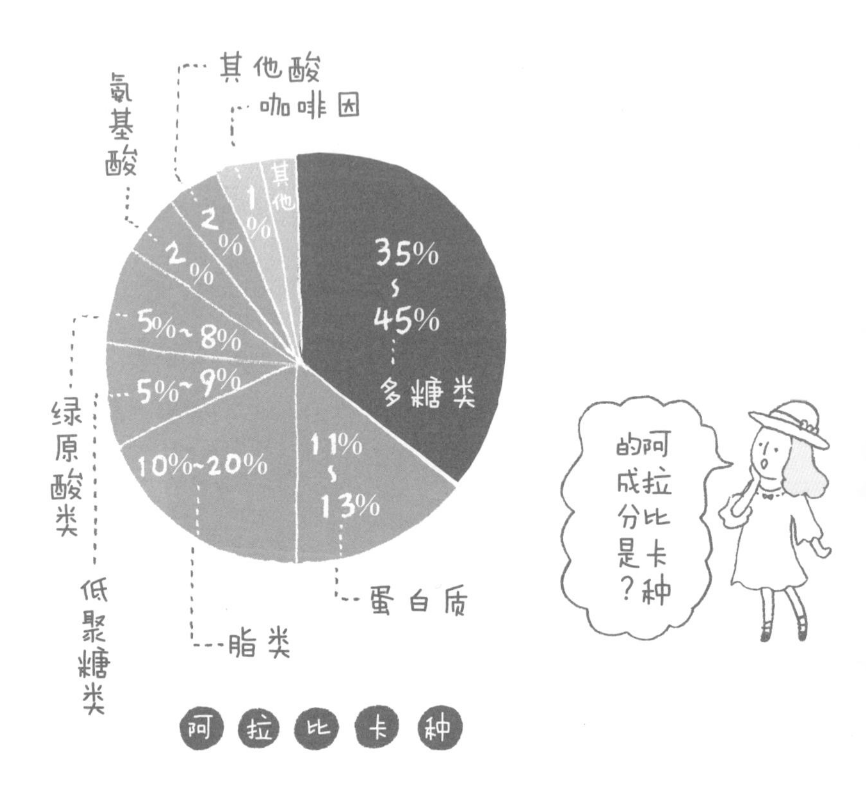

咖啡因

咖啡生豆中所含的咖啡因，阿拉比卡种占 0.9%~1.4%；卡内弗拉种一般占 2%，多的时候达 3% 甚至以上。

氨基酸

咖啡生豆中氨基酸的含量是 1%~2%。咖啡生豆中含有的氨基酸包括天门冬氨酸、谷氨酸等。在阿拉比卡种与卡内弗拉种中，各种氨基酸的占比各不相同。这些氨基酸、低聚糖类、绿

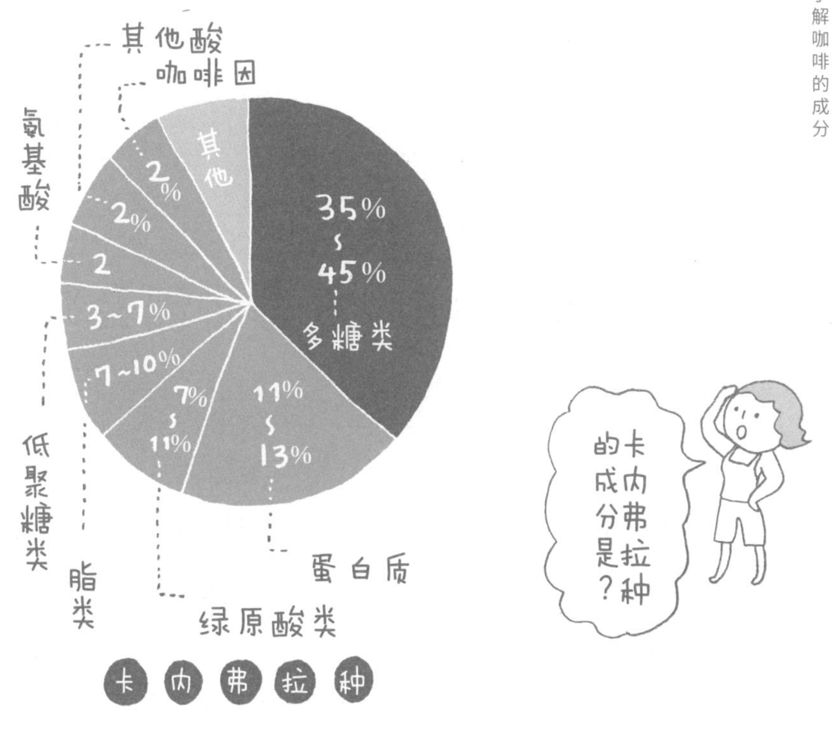

原酸类的含量，也影响着阿拉比卡种与卡内弗拉种在烘焙时的着色与风味。

产地、栽培环境（海拔、降水量、气温、施肥量）以及精选方法不同，咖啡生豆中这些成分的含量也会有所差异。我们喝咖啡时感受到的不同风味，就是由这些成分的比例不同造成的。

Q8

咖啡因对身体有害吗？深度烘焙的咖啡豆咖啡因会减少吗？

咖啡因是咖啡中的代表成分。如果咖啡中不含咖啡因，咖啡可能就不会像今天这么流行了吧？咖啡因所具备的药理作用，也是咖啡的一大魅力。

关于咖啡因的得名，要从1819年说起。那一年，德国化学家弗里德里希·费迪南·龙格从咖啡豆中成功提取了咖啡因。在此后的数年里，他又从茶叶中提取出了相同的成分，当时还把这种成分命名为“茶因”，随后，这不同由来的成分被统一命名为“咖啡因”。试想，如果龙格的实验晚几年才成功，我们可能就会把“咖啡因”叫成“茶因”了吧。有关咖啡因，还有这样一段佳话——一直催促着龙格积极从事咖啡研究的，正是著名的思想家、作家、科学家兼咖啡爱好者歌德。

卡内弗拉种中的咖啡因含量比阿拉比卡种更多。虽然咖啡因这种成分耐热性强，但是在烘焙过程中还是会汽化掉一部分。

从事咖啡烘焙工作的人们一定知道烘焙机内部以及烟囱处的白色附着物吧，那些白色的物质就是咖啡因。

咖啡因会在烘焙的过程中逐渐减少，因此民间流传着这样一种说法：“深度烘焙的咖啡豆中，咖啡因含量更低，对身体更健康。”事实上，这里存在着两种误解。

第一种误解是深度烘焙的咖啡豆中，咖啡因含量更低。事实上，咖啡因的确会随着烘焙程度的加深而减少，但是咖啡豆自身的重量也会随着烘焙而减少。例如，烘焙后咖啡豆的重量减少了15%，咖啡因也减少了15%。其结果就是无论是深度烘焙还是轻度烘焙，咖啡因的所含比例都是不变的，所以如果使用同样的量冲泡咖啡，咖啡因的量是不变的。

第二种误解是咖啡因含量低，所以对身体更好。虽然咖啡因有很多药理作用，但肠胃不好或者处于妊娠期的人，最好控制一下咖啡因的摄入量。

只有适度摄入咖啡，才能很好地消除疲劳、恢复精力。

Q9

一杯咖啡中含有多少咖啡因？其含量有日本煎茶和红茶多吗？

咖啡和茶都是嗜好饮品。每个人的冲泡方法和喜好程度不同，冲泡出的咖啡浓度差异也非常大。如果按照市面上销售的咖啡包装袋上的方法进行冲泡，一杯咖啡（120ml）中一般会含有 60~100mg 的咖啡因。这与一杯意式浓缩咖啡（30ml）中的咖啡因含量相同。如果是茶，日本煎茶（120ml）中含有 20mg 的咖啡因，红茶（120ml）中含有 30mg 的咖啡因，与茶相比，的确是咖啡中咖啡因的含量更高。

那么，到底摄取多少咖啡，咖啡中的咖啡因会对身体造成危害呢？其实根据个人的体质、身体状况以及体重的不同，结论也会因人而异。只要不是一次喝五六杯，一般就不用太在意。

就我个人来看，咖啡仅仅是一种嗜好饮品。只要喝起来觉得美味、心情愉快就可以了。但如果因为身体好就毫无节制地喝，或因为身体不好就完全拒绝饮用，未免也太“难为”咖啡了。

= 咖啡因 10mg
60~100mg
20mg
30mg
咖啡
（120ml）
日本煎茶
（120ml）
红茶
（120ml）

Q10

“低因咖啡”是怎么做成的？

去除了90%以上咖啡因的咖啡，被称为“低咖啡因咖啡”，简称“低因咖啡”。

以前为了去除咖啡因，人们一般都会借助一种有机溶剂，但由于有机溶剂会残存在咖啡豆中，容易致癌，所以目前日本已经禁止使用了。现在，人们去除咖啡因的方法主要有瑞士水处理法（Swiss Water Method）和二氧化碳处理法两种。

水是我们日常生活中经常接触到的物质，大家对水都比较放心。但咖啡因是不易溶于水的，若想将咖啡因溶解到水中，本身就有一定的难度。再加上氨基酸、糖类、绿原酸等这些构成咖啡风味的成分又极易溶解于水，于是问题就产生了——咖啡因还没溶解，其他的成分却先于咖啡因溶解在水中了。

我们先说说“瑞士水处理法”。这种处理法是先将生豆中咖啡因以外的水溶性成分充分溶解于水，直至饱和状态，再将咖啡生豆浸泡于处理过的水中。这样，即使是易溶于水的氨基酸、糖类、绿原酸类，也会因水中的成分已经饱和而无法再溶解于水中，但水中不含咖啡因，因此咖啡因就会从生豆中溶解于水中。但是，咖啡因不会一下子都溶解掉，所以该步骤要反复进行，将咖啡因一点一点从生豆中去除。溶解了咖啡因的水，只要用活性炭过滤一下，就能将咖啡因去掉，还可以再次使用。这是一种既可以去除咖啡因、又不会损害生豆成分的好方法。

第二种方法是二氧化碳处理法，就是通过对压力与温度进行调整，将咖啡因高效地从生豆中去除。在通常状态下二氧化碳是气体，但如果对其施加压力，它就会出现拥有气液两种特质的状态（“超临界状态”）或液态。使用这种方法，咖啡因的去除效率很高。不过，虽然“瑞士水处理法”去除效率相对较低，但可以更完整地保留咖啡风味的成分。

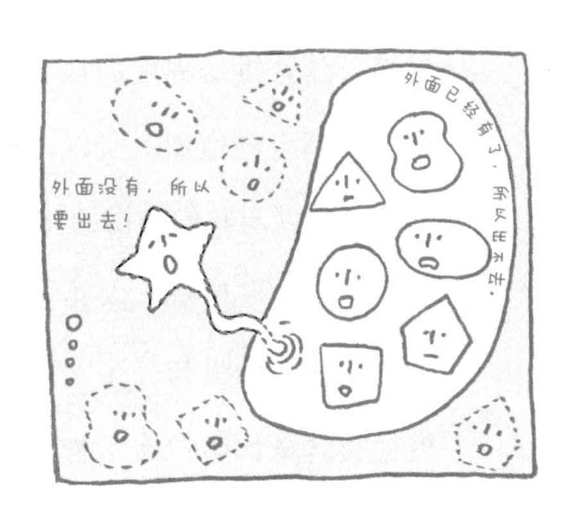

Q11

咖啡中的苦味成分是什么？

大家都以为，咖啡中的苦味成分是咖啡因，但实际上，咖啡因只占苦味成分的10%。前面我们说过，烘焙豆中的咖啡因浓度不会受烘焙程度的影响，而且低因咖啡也有苦味，因此可以肯定，咖啡因不是造成苦味的根本原因。那么剩下的90%的苦味，又是什么呢？

咖啡苦味的根源之一就是褐色色素（参照Q14）。根据分子大小不同，褐色色素也有大致的分类，大分子褐色色素的苦味更强。随着烘焙程度的加深，褐色色素会增加，大分子褐色色素的比例也会增加。所以，深度烘焙的咖啡豆的苦味和质感更强——这就与我们日常的印象一致了吧。

阿拉比卡种与卡内弗拉种的苦味与质感是不同的，这是由于褐色色素的量与分子大小的不同而引起的。卡内弗拉种的低聚糖类含量比阿拉比卡种低，不易发生焦糖化，这样就容易形成大分子褐色色素，因此烘焙后的卡内弗拉种更苦。

造成苦味的原因还有一个，那就是氨基酸与蛋白质在加热后形成的“环缩二氨酸”。形成的分子结构不同，苦味程度也不相同。除了咖啡之外，同样味苦的可可、黑啤中也有这类成分。

那可以人为地控制苦味的程度吗？答案当然是肯定的。我们可以通过改变咖啡豆的种类、烘焙程度、烘焙方法来控制苦味。另外，改变萃取方法在一定程度上也可以控制咖啡的苦味。

Q12

咖啡中的酸味成分是什么？

咖啡生豆中的酸味成分有柠檬酸、苹果酸、奎宁酸、磷酸等，但这却不是我们喝咖啡时所感受到的酸味。我们尝到的酸味，主要来自烘焙过程中产生的酸。

在烘焙咖啡生豆时，豆子中的某些成分会发生化学反应，形成新的酸。比较有代表性的是绿原酸类分解后生成奎尼酸，低聚糖类分解后生成具有挥发性的甲酸和醋酸。

在烘焙中，咖啡生豆会发生许多化学变化，特别是在烘焙到一半（比市面上卖的轻度烘焙的程度还要低些）时，随着烘焙程度的加深，酸味会越来越强。但是在这之后经过高温处理，形成的酸又会开始分解。过了这个阶段，随着烘焙程度的加深，酸味也就越来越淡了。

烘焙豆中含有最多的酸，是随着烘焙程度加深而增加的奎宁酸。它不仅含量高，而且酸味强度大，是咖啡中酸味的主要来源。其他如柠檬酸、醋酸、苹果酸在咖啡中的含量也比较高。各

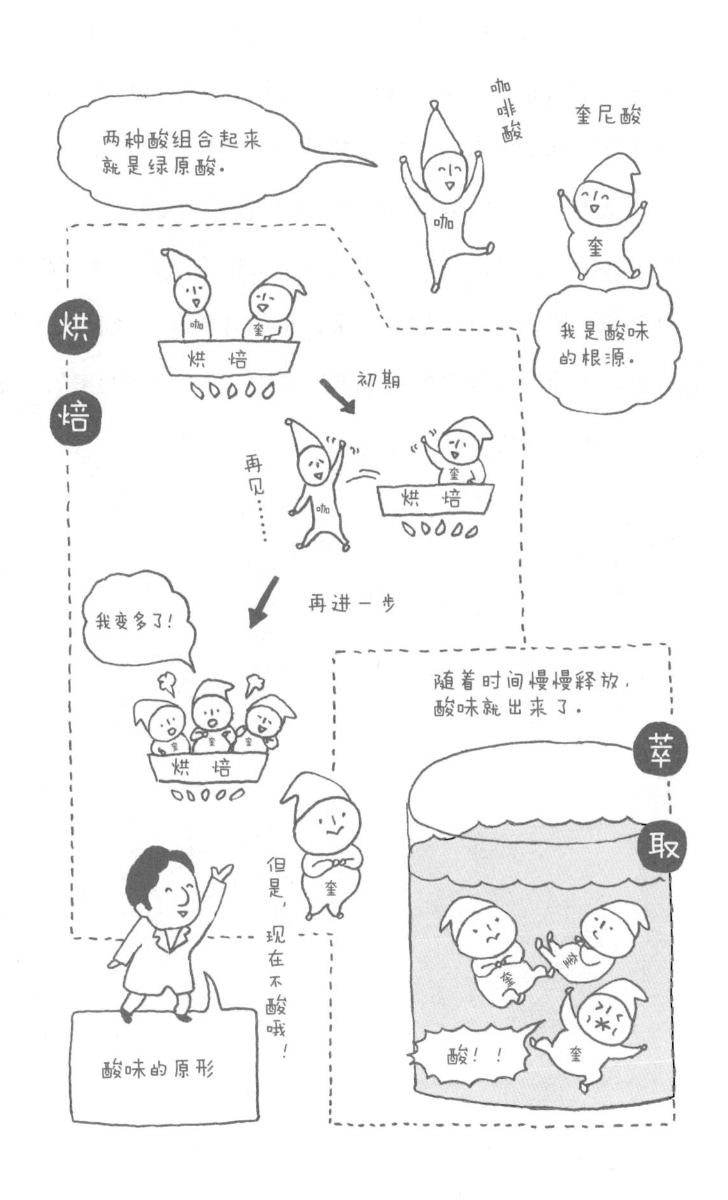
两种酸组合起来就是绿原酸。
咖啡酸
奎尼酸
咖
奎
我是酸味的根源。
烘焙
咖
奎
烘 培
初期
再见……
咖
奎
烘 培
再进一步
我变多了！
奎
奎
奎
烘 培
奎
但是，现在不酸哦！
酸味的原形
随着时间慢慢释放，酸味就出来了。
萃取
奎
奎
酸！！
奎

种酸的强度与性质不一样，虽然都是酸味，但其实成分很复杂。

烘焙豆中含有的酸味成分的重量与比例，与咖啡生豆本身的成分组成有很大关系。咖啡品种不同，释放酸味的方式也会有所不同。例如，对于卡内弗拉种来说，易于形成醋酸的低聚糖类含量很低，所以不会形成具有挥发性的刺激酸味。

另外，状态不同，释放酸味的方式也不一样。奎宁酸中有一种物质，既能将酸味散发出来，也能将酸味隐藏起来。冲泡好的咖啡为什么放得越久就越酸，就是因为本来藏起来的酸味，随着时间慢慢释放了出来。

Q13 咖啡果实越成熟，咖啡豆就会越甜吗？

不管在咖啡消费国还是咖啡原产地，有很多人都认为：“用熟透的咖啡种子制成的咖啡豆（全熟豆）是甜的。”还有人认为：“由于全熟豆中的糖分很高，所以冲泡后的咖啡才会发甜。”其实这两种说法都是错误的。

咖啡生豆中的蔗糖含量确实会随着果实的成熟而逐渐增多。因此，如果这两种说法指的是咖啡生豆，那就是正确的；但如果换成烘焙过的咖啡豆，那就是错误的。为什么呢？因为咖啡生豆中含有的蔗糖会随着烘焙而逐渐减少。蔗糖经过烘焙，会成为咖啡颜色、香味和酸味的基本来源。事实上，果实的成熟度越高，烘焙时就越容易着色，也就越容易形成香味与酸味丰富的咖啡。即便说蔗糖带来了甜味，也是指焦糖的甜香气息，而非口感意义上的甜味。

那么，我们喝咖啡时尝到的甜味成分，又是从哪来的呢？这对我来说也是个谜。烘焙豆中有与甜味相关的成分吗？我查阅了海内外诸多相关文献和资料，迄今为止都没有找到确切的答案。虽然说日本关于咖啡的研究很少，但是全世界每个月都有数十篇与咖啡相关的论文发表，在那些论文中我也并未找到答案。阅读了成千上万篇相关文献后，我忽然间发现，好像从没发现过“咖啡是甜的”这样的报道。

Q14

经过烘焙的咖啡生豆，为什么会变成茶褐色？

咖啡生豆的颜色是淡绿色，但烘焙之后就变成了茶褐色。烘焙豆独有的茶褐色是以低聚糖类、氨基酸、绿原酸类为主形成的褐色色素。这里所指的褐色色素，并非是单一的颜色或单一的成分，而是各种不同成分、不同颜色汇总在一起的总称。

在烘焙过程中，咖啡生豆会慢慢地发生颜色变化，褐色色素的总量和大分子的比例也在发生变化。按照分子的大小可将褐色色素进行大致的分类，轻度烘焙的咖啡豆中小分子的色素比较多，随着烘焙程度的加深，在色素总量增加的同时，大分子的色素比例也会增加。

轻度烘焙的咖啡豆中，含有小分子的微微发黄的强劲色素，这是在烘焙初期糖类受热的分解物与绿原酸类发生化学反应而形成的。

之后，随着烘焙程度的加深，低聚糖类就会发生焦糖化，变成焦糖色素。这些焦糖色素与低聚糖类、氨基酸发生化学反应后形成“类黑精”，这是一种分子颗粒稍大的红褐色色素。形成类黑精的反应被称为“美拉德反应”——一种在食品工业中非常重要的化学反应。面包烤熟的颜色、味噌汤的颜色、酱油的颜色等都是通过美拉德反应产生的。

随着烘焙程度的进一步加深，再加上蛋白质与多糖类的反应，就会变成百倍以上分子巨大的黑褐色色素。

事实上，这些色素就是构成咖啡苦味的重要成分之一，色素分子越大，苦味就越强。深度烘焙的咖啡豆苦味较强，就是上面所说的色素变化导致的。

Q15

烘焙咖啡生豆时为什么会产生香味?

咖啡生豆中含有多达两百种芳香成分，但是这些都不是我们品尝咖啡时感受到的那种令人心情愉悦的香味。只有火，才会赋予咖啡豆令人着迷的味道。只有经过烘焙的咖啡生豆才会散发出充满魅力的香味。据研究表明，已知的香味成分就有七百种之多。虽说这些香味成分与赋予咖啡味道的成分相比十分微小，但是影响却是巨大的，即使有人说这就是咖啡能风靡世界的原因，我觉得也并不过分。

烘焙时，咖啡豆的颜色会发生变化，这是因为美拉德反应。实际上除了颜色以外，咖啡豆香味的形成原因，也和美拉德反应密切相关。

味噌、酱油、烤肉或烤面包所拥有的独特香味，都是因为美拉德反应而产生的，与咖啡香味的形成原因一样。但是，至于具体会形成什么样的香味，香味又会达到什么样的程度，这些就要由氨基酸以及加热条件来决定了。咖啡中含有很多种类的氨基酸，这些氨基酸的组成又会因咖啡树的种类、栽培条件、精选时加工方法的不同而产生差异。也就是说，选择不同的咖啡生豆来烘焙，产生的香味是不一样的。另外，即使是同一种咖啡生豆，如果烘焙时的升温方法不同、烘焙程度不同，产生的香味也不同。

在 Q14 中，我介绍了焦糖化现象，这是形成咖啡香味的另外一种化学反应。在焦糖化的过程中，会产生一种挥发性的酸，这种酸会散发出一种又香又甜的味道，这也是咖啡香味的重要组成部分。

此外，生豆中包含的绿原酸类等多种物质，遇热后也会产生各种香味。烘焙时产生的这些香味成分，会因为烘焙程度的不同而发生变化。变化的模式大致分为三个阶段：

第一阶段：变化很小；

第二阶段：随着烘焙程度的加深不断增加；

第三阶段：增加到一定程度后减少。

第一阶段中的香味，大多是咖啡生豆中本来就含有的香味成分；第二阶段中的香味，就是通常让我们感到愉悦的那种酸甜味或类似烧烤的香味；第三阶段中的香味，是伴随着烟熏味或刺激性味道产生的成分。可见，随着咖啡烘焙程度的变化，咖啡豆香味的质感和强度也会发生变化。

Q16

咖啡中含有的绿原酸是什么？

绿原酸又被称为咖啡丹宁酸或咖啡多酚，近年来因其特有的生理活性（抗氧化性等），渐渐被喜欢咖啡的人们所关注。

绿原酸是咖啡酸与奎宁酸相结合的产物。因为结合的方式不同（有 1 ： 1 的方式、2 ： 1 的方式，还有不同位置结合的方式）、咖啡酸的结构不同，会产生很多种类似结构的成分，我们把这些成分都称为绿原酸类。研究表明，咖啡生豆中的绿原酸类超过了 10 种。

绿原酸类是鉴别咖啡生豆品质的重要指标之一。咖啡酸与奎宁酸按 1 ： 1 结合的称为冠绿原酸，按 2 ： 1 结合的称为亚绿原酸。咖啡果实中的绿原酸会随着果实的成熟而发生变化，当冠绿原酸的比例大于亚绿原酸时，果实的成熟度较高。如果我们将同一株咖啡树上未成熟的果实与熟透的果实分开收获并精选，再将得到的咖啡生豆进行比较，就会发现，随着果实的不断成熟，冠绿原酸的比例会大大增加。

冠绿原酸与亚绿原酸的比例不同，味道也会不一样。亚绿原酸会在舌头上留下类似金属质感的涩味，这种味道会对咖啡的香味造成影响。虽然卡内弗拉种中绿原酸类的含量高于阿拉比卡种，但如果仔细观察就会发现，这是由于亚绿原酸的含量高而引起的。

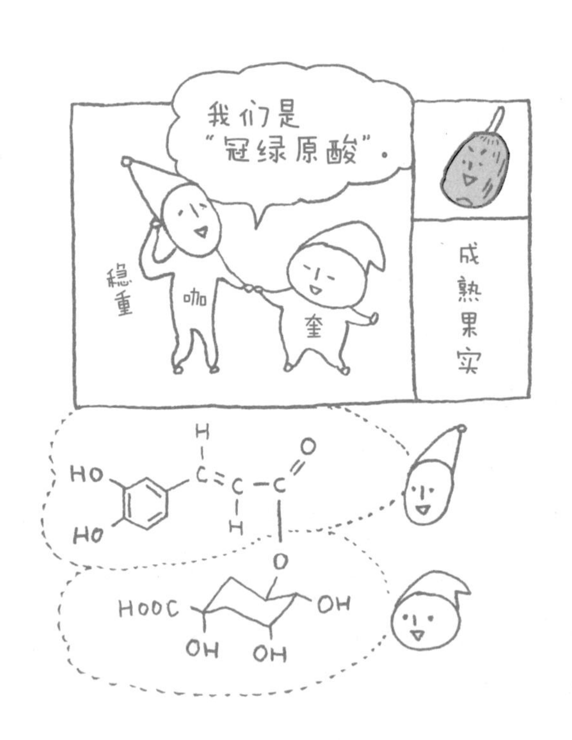

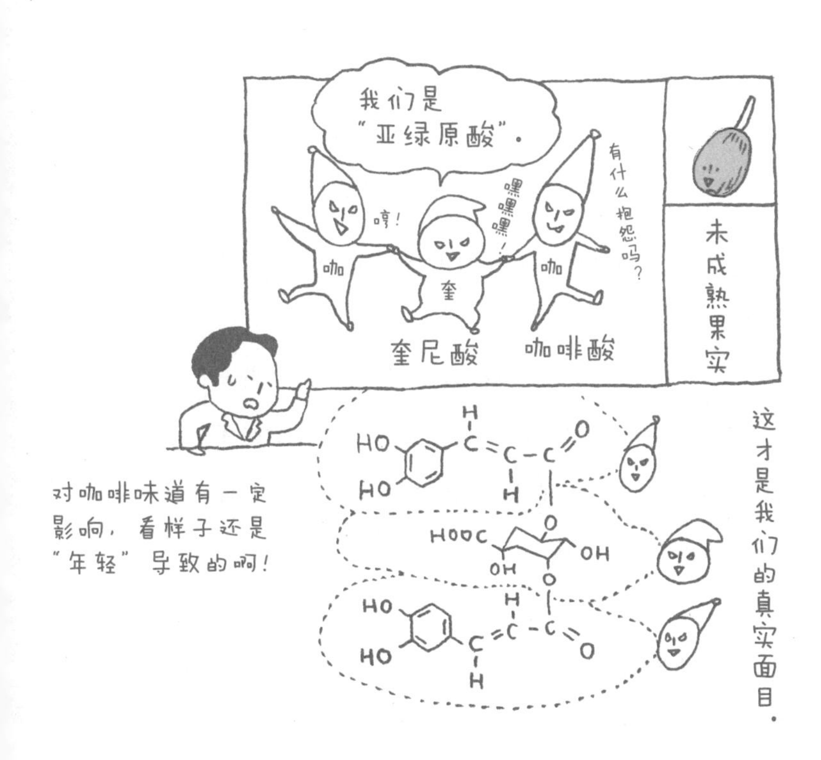
我们是
“亚绿原酸”。
哼！
嘿嘿嘿！
有什么抱怨吗？
咖
奎
咖
奎尼酸
咖啡酸
未成熟果实
HO
HO
H
C=C-C=O
H
HOOC
OH
OH
O
O
HO
HO
H
C=C-C=O
H
这才是我们的真实面目。
对咖啡味道有一定
影响，看样子还是
“年轻”导致的啊！

Q17

咖啡的风味会随着时间而发生变化吗？

在喝咖啡的过程中，咖啡的风味会不断地发生变化，原因有很多种：

第一个原因是味觉本身的温度特性。同样的东西，在不同温度下我们感受到的酸味、苦味和甜味的程度是不一样的。如果温度低，我们对苦味和甜味的感觉就会下降，而对酸味的感觉就会敏感，所以如果东西变凉，我们会更容易感觉到酸味。

第二个原因是成分的变化。咖啡中含有很多容易发生变化的成分，冲泡时的水温越高，其成分变化的速度就会越快。

第三个原因是氧气。如果咖啡中混入了氧气，就会促进成分的变化。有人以为只要将容器中装满咖啡，让其接触不到氧气就没问题了，但这个观点是错误的。因为我们在喝咖啡的过程中必然会接触到氧气，也就是说本质问题并没有得到解决。

如果想要长期保存咖啡的风味，应该怎样做呢？遗憾的是

人们至今还没有找到很好的解决方案。将咖啡急速冷却，饮用的时候再加温，这样做多少有一些效果。但加热的时候要保持均衡加热，并且不能加热过度，而如果不能在短时间内加热好咖啡，就会散发出一种咖啡煮干了的味道。如果用炉子或微波炉加热咖啡，咖啡可能会受热不均匀；如果隔水加热，时间又太长。我个人认为，直接饮用冰咖啡，或是在急冷处理的浓缩咖啡中兑入热水饮用，也是不错的方法。当然，最好的选择还是冲好后马上享用。

我们应该怀着尽情享受的心情去感受一杯咖啡的风味变化。如果能从“咖啡只能喝热的”这种先入为主的观点中跳脱出来，你就能感受到咖啡更多的魅力。虽然喜欢喝热咖啡的人很多，不过我还是认为，好喝的咖啡凉了以后也一样好喝。咖啡在喝的过程中一点点地变凉，酸味与苦味的平衡感也发生了变化，与此同时，由于黏性增强，口感也会变得更加黏稠。

选择合适的咖啡生豆，精心地烘焙、混合，再用磨好的粉末冲泡成咖啡。最后，慢慢享用这一杯美味的咖啡吧，这可真是人生中的一大享受啊！

Q18

咖啡豆放久了会有哪些变化?

烘焙好的咖啡豆会随着时间而发生变化。烘焙豆放置一段时间就会失去香味，味道也可能会变得不如新鲜的好。咖啡豆慢慢失去香味的过程，我们称为“劣化”。

但是，咖啡豆是否劣化，只是制作者与饮用者主观的判断。刚刚烘焙好的咖啡豆与放置一年的咖啡豆哪个口味更好呢？首先，两者的风味肯定是不一样的。如果单从时间上来判断，大家一定会选择前者，但如果不考虑时间而直接品尝，一定会有人选择后者。选择后者的人会认为，咖啡豆放置了一年，才刚好是味道的成熟期，有些人就不喜欢用刚刚烘焙好的咖啡豆冲泡咖啡。虽然这对制作者来说可能有点失落。

那么，咖啡豆的味道为什么会发生变化呢？一般我们认为，这是由咖啡豆中的油脂发生氧化造成的，但这并不是主要原因。咖啡豆中富含多种抗氧化成分，因此油脂氧化的过程是很缓慢的，而我们察觉到咖啡豆风味变化的时间要比油脂氧化的时间早得多。咖啡豆味道发生的变化，其实是香味上的变化。刚刚烘焙好的咖啡豆会释放出二氧化碳，而随着二氧化碳 气体的挥发，会同时带走咖啡豆的香味。之后，剩下的香味成分也会开始发生化学反应。总之，香味的总量在不断减少，香味的质量也在不断下降，当那种令人愉悦的味道慢慢消失时，我们就察觉到咖啡豆劣化了。

Q19

用矿泉水冲泡的咖啡更好喝吗？

用矿泉水冲泡的咖啡与用普通饮用水冲泡的咖啡相比，味道是不一样的，咖啡的颜色也会相对较深，这是因为受到了水中 pH 值（氢离子指数）的影响。pH 值是用来表示水溶液酸碱性的数值。在标准温度（25℃）和压力下，pH 值为 7 的水溶液为中性。如果 pH 大于 7，就为碱性，那么就能与酸发生中和反应。普通饮用水的 pH 值基本上是 7，如果是矿泉水，pH 值就会超过 8。

咖啡是 pH 值在 5~6 之间的弱酸性饮品。如果用 pH 值大于 8 的弱碱性矿泉水冲泡咖啡，就会中和咖啡中的一部分酸，咖啡的酸味便会变弱。pH 值越大，中和酸的能力就越强。在矿泉水的标识上一般都会标有 pH 值，冲泡咖啡时，你可以参考一下这个数值。

使用 pH 值大的水冲泡咖啡，并不一定就好喝。如果觉得用普通的水冲泡出的咖啡口感偏酸，可以用 pH 值大于 7 的矿泉水来冲泡，这样咖啡的口感会变得更加柔和，喝起来也会更加美味。但对于一般人来说，用矿泉水冲泡咖啡，可能反而会觉得味道变“模糊”了。选择不同的水，其实也是调整咖啡酸味的一种方法。

我个人认为，咖啡就像茶一样，用普通的水冲泡就可以了。如果想要控制酸味，与其在水上花钱，倒不如改变一下烘焙豆的品种或咖啡的萃取时间。

如果觉得平时喝的咖啡口味偏酸，可以用 pH 值超过 8 的碱性水（硬水）冲泡。

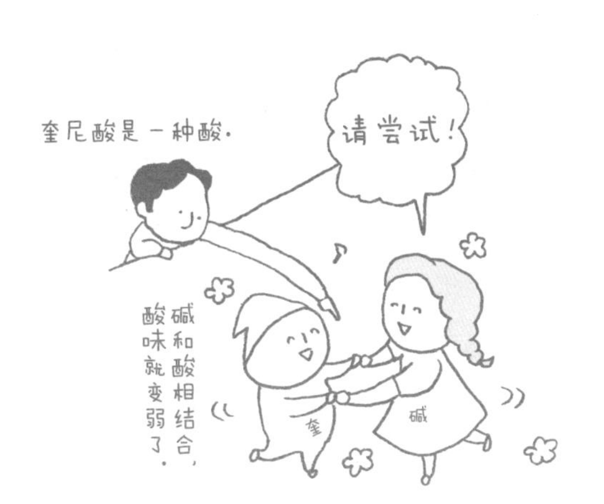

什么是遮阴树？

阿拉比卡种的咖啡树比较娇弱，是一种害怕日光直射的植物，在原产地埃塞俄比亚，它生长在高处有树荫的地方，这些为阿拉比卡种咖啡树遮阴的树木就叫“遮阴树”。咖啡树和遮阴树形成的广袤森林，对于生活在其中的动物来说，真是莫大的恩惠呀。

遮阴树的作用不仅仅是制造阴凉，它还可以为弱小的咖啡树抵御强风和霜降，强健的根系还可以护住土壤中的养分。研究表明，有遮阴树守护的咖啡树，果实更大，成熟率更均匀，而且来年收获咖啡果实的程度也更好，就连咖啡树的寿命也较长。

即使有这么多优点，遮阴树也不需要到处种植。如果天气条件（比如常常有雾）满足的话，即便不用种植遮阴树，日照量也能达到种植咖啡树的要求。在容易滋生霉菌、易有病害的潮湿地带，也不需要种植遮阴树。

为了追求更高的操作性与收获率，有些地方不会种植遮阴树。增加日照量，一般都可以提升一定的收获量。各种咖啡树的品种不同，有耐强日照的品种，也有自身的叶子遮阳能力很强的品种。选择这一类的品种，给予充足的肥料，也可以种出好的咖啡豆来。

长久以来，遮阴树都是专门用于给某一类咖啡树遮挡阳光的树木。在选择咖啡豆时，很多人都偏向于选择种植园中有遮阴树的咖啡豆。但是我认为这并不正确，因为生产者为了生产出好品质的咖啡豆，一定会结合品种的具体情况来选择种植方法，还会进行适当的精选，而不是拘泥于是否有遮阴树。

3

如何冲泡出美味的咖啡

——咖啡的选购、萃取、研磨、保存

选购

Q20

购买咖啡豆好，还是咖啡粉好？

我们在选购咖啡制品时，常常会陷入两难境地，不知道到底是买咖啡豆好，还是买咖啡粉好。

市面上销售的咖啡制品中，有七成左右都是咖啡粉。咖啡粉的好处是使用简单、便于冲泡。而时下非常普遍的简易咖啡萃取法，恐怕是再简单不过的方法了。将滤纸放入滤杯内，然后将一杯份的咖啡粉倒入滤纸中，这样做不仅能节省磨咖啡豆的时间，也能让计量、准备萃取器具乃至最后的收拾工作都变得更加简单、方便。

使用咖啡粉冲泡咖啡确实十分简单与便利，但如果仅仅因为这样就广受推崇，那人们对咖啡的理解就太肤浅了。实际上，粉制品也存在很大的问题，因为咖啡粉的劣化速度要比咖啡豆快好多倍。

在研磨咖啡豆的过程中，有 70% 左右的二氧化碳会散发掉。剩余 30% 的二氧化碳的挥发速度也比未研磨的咖啡豆要快数倍。

二氧化碳担负着防止咖啡豆周边环境（水分、氧气）劣化的重要作用，如果磨成粉，这个效果就会降低很多。二氧化碳挥发的同时，也会带走一部分咖啡的香味，所以咖啡粉的香味也不如咖啡豆。

在店里购买事先磨好的咖啡粉，如果能在几天之内就喝完，味道不会有什么太大的变化。但如果不能很快就喝完，你可以将刚磨好的咖啡粉与放了许久的比较着尝一尝，你就会发现，为了贪图方便而使用咖啡粉，错过了怎样的美味。

事实上，大家不仅仅是因为便利、简单才推崇粉制品的，我在举办咖啡讲座时曾做过问卷调查，对于“为什么购买咖啡粉”这个问题，很多人都回答说：“因为不知道哪里可以买到咖啡豆。”这大概是大多数人没有选购咖啡豆的真正原因吧。

选购

Q21

购买咖啡时，选择店铺的关键是什么？

经过选择生豆、烘焙、混合这几道工序，咖啡的味道基本就固定了。所以对于一般的消费者来说，购买咖啡时选择店铺和商店非常关键，这是能否冲泡出一杯好咖啡的重要一环。

在超市、商店选购大烘焙商的产品时，这些产品有各自的烘焙特色，所以我建议大家可以多选择几种同样价格区间的咖啡豆进行比较。因为大烘焙商都有严格的质量检查，生产出来的烘焙豆质量向来都比较稳定。假如你追求咖啡豆质量稳定，而且又希望随时随地都能买到，那么在大超市或大经销商处购买就是不错的选择。

如果要将磨咖啡豆的小店作为长期购买的地方，那么第一次可以试着少买些，等尝过后再决定。看看小咖啡店门前的陈列柜，就会了解咖啡的不同烘焙程度和价格区间。另外，有的咖啡小店还有关于咖啡的讲座，这对于想要了解咖啡的人来说非常有用。如果你真的想要好好学习咖啡的制作过程，那么最好是去自己能磨咖啡豆的小店，这样，你就可以向那些对咖啡有研究的前辈学习。我就是从咖啡店的专家那里学到了不少关于咖啡的知识。

现在有很多人通过网购来买咖啡豆或咖啡粉。世界各地的知名咖啡几乎都可以在网上买到，这种方法的便利之处确实吸引人。不过，知名的咖啡也未必适合自己的口味。假如你没有看到实物就购买，那收到货后很有可能与你的喜好根本不符。

卖家常常喜欢将咖啡的特色作为产品卖点来推销，这就需要购买者有一定的判断能力，才能买到好货。千万不要被那些天花乱坠的广告宣传蒙蔽双眼，也不要被所谓的品牌、名气等所迷惑。你真正需要的是一款真正适合自己口味的咖啡。

选购

Q22 市面上有哪些萃取咖啡的器具？

冲泡咖啡的器具种类琳琅满目，冲泡咖啡的方法也是五花八门。让我们先简单了解一下各种冲泡器具和它们的使用方法吧。

滴漏式（滤纸滴漏式、法兰绒滴漏式）

所谓滴漏式，就是先将咖啡粉放入滤网中，然后将热水倒入，溶解了咖啡粉的咖啡液就会透过滤网流入杯中。

滤纸滴漏式是最典型的滴漏式冲泡方法，这也是目前家庭使用率最高的冲泡法。使用时，只要将滤纸放到咖啡滤杯上，冲泡好后再将滤纸中的残渣倒掉就可以，操作非常简便。这个方法是在1908年由德国人梅丽塔·本茨夫人发明的，由于它简单易操作，在全世界得以广为流传。实际上，这种看似简单的冲泡方法操作起来还是有一定难度的，要想冲泡出风味稳定的好咖啡，需要反复练习。

滤纸滴漏式的过滤网是纸质的，而法兰绒滴漏式的冲泡方法是将法兰绒作为滤网。虽然法兰绒滴漏式的操作更难，但是这种冲泡方法在一些咖啡店或咖啡爱好者中非常有人气。

浸泡式（法式滤压壶）

法式滤压壶是由一个圆筒状容器和一个可将咖啡粉与水分离的金属滤网（带压杆）构成的。将磨好的咖啡粉放入咖啡壶中，再倒入热水，经过一段时间后按压金属滤网，此时咖啡粉就会从容器底部分离过滤出来。这种方法操作简便，但是事后清洗会有点麻烦。

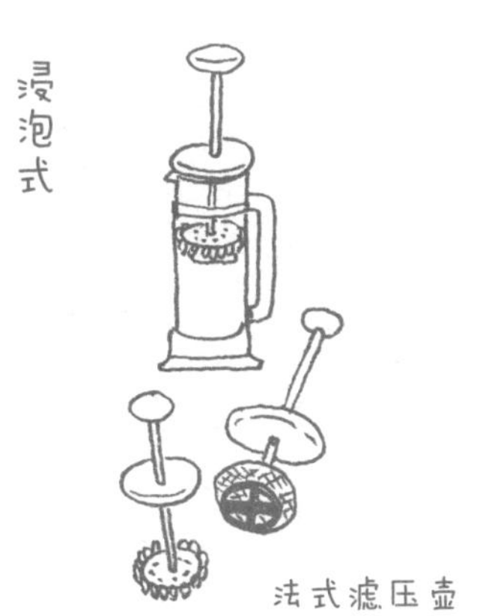

虹吸式

虹吸式咖啡壶的外形非常有特色：先在下端的球型玻璃容器中倒入水，然后在玻璃容器的下方加热至水沸腾，再将放好咖啡粉末的漏斗插入玻璃容器。之后，水一沸腾就会被吸上来，这时咖啡的萃取就开始了。一定时间之后，只要停止加热，就会瞬间进行过滤，将咖啡液与粉末分离。虽然在器具维护上比较麻烦，但冲泡方法比较简单。与咖啡机一样，对原料的要求比较高。

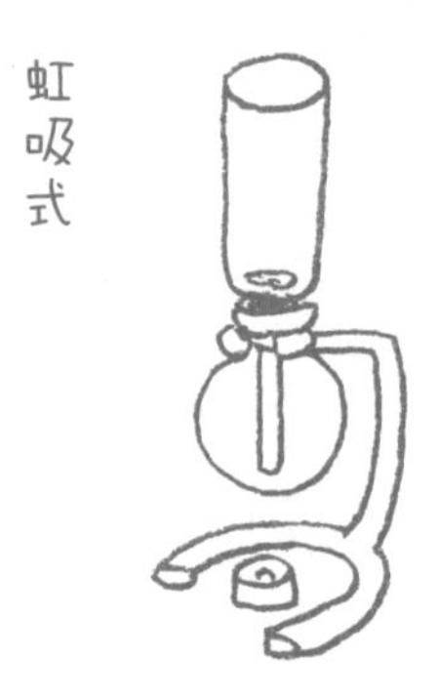

咖啡机

咖啡机现在越来越普及，它比滤纸滴漏式的影响更广，操作更简单。把冲泡咖啡的工作交给机器的确省事，但是，机器冲泡的咖啡味道稳定性较差，又不像手工冲泡那样便于把控，所以原料的选择就更重要了。

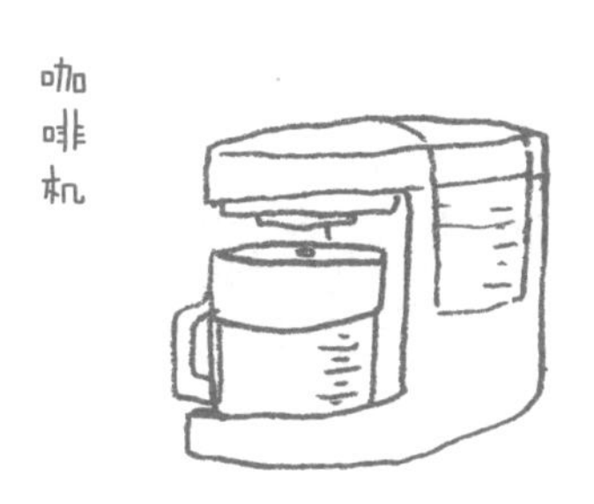

意式浓缩咖啡机

近年来，随着国外的一些咖啡连锁店进入日本，意式浓缩咖啡机也普及起来。意式浓缩咖啡机的原理是将磨得很细的咖啡粉装入容器中，然后在短时间内用高温高压的方式萃取出浓度很高的咖啡液。高温、高压是萃取的要点，所以为了满足这个条件，不得不在机器上花大价钱。同时，市场上有一种名为“摩卡壶”的咖啡壶，被很多人当作“家用意式浓缩咖啡机”来使用。但是从萃取原理上看，用摩卡壶冲泡出来的咖啡，还算不上是真正的意式浓缩咖啡。

萃取

Q23

如何萃取咖啡的成分？萃取的原理是什么？

向咖啡粉中倒入热水后，咖啡的成分就会转移到水中。这种提取咖啡成分的过程就是萃取。

咖啡是一种可以常年饮用的饮品，在上一节中，我介绍了滴漏式、浸泡式、虹吸式、意式浓缩咖啡机等萃取方法和相应的冲泡器具。这些萃取方法或多或少都有些不同，但其实除了意式浓缩咖啡机外，其他几种的萃取原理都是一样的。

咖啡的萃取过程分为两步。

第一步，将咖啡粉表面的成分转移到水中。这些成分转移的速度与其本身的浓度有关。如果咖啡粉表面成分的浓度高而水中的咖啡成分浓度低，成分转移的速度就快。所以，在萃取初期，咖啡成分向水中转移的速度快，而随着时间的变化，速度会越来越慢。刚开始冲泡咖啡的 1 分钟内在水中溶解的咖啡成分，会远远大于一段时间后的任意 1 分钟内的溶解量。

第二步，让咖啡成分从咖啡粉的中心向表面移动。在第一步中，咖啡粉表面的成分已经溶解于水中，所以咖啡粉表面的浓度下降了，这就引发了第二步——咖啡成分的移动。第二步与第一步相比，成分移动的速度要更慢。我们所说的“如果咖啡豆的原料、冲泡方法不同，咖啡的味道也不同”，其实就是萃取第二步产生的影响。

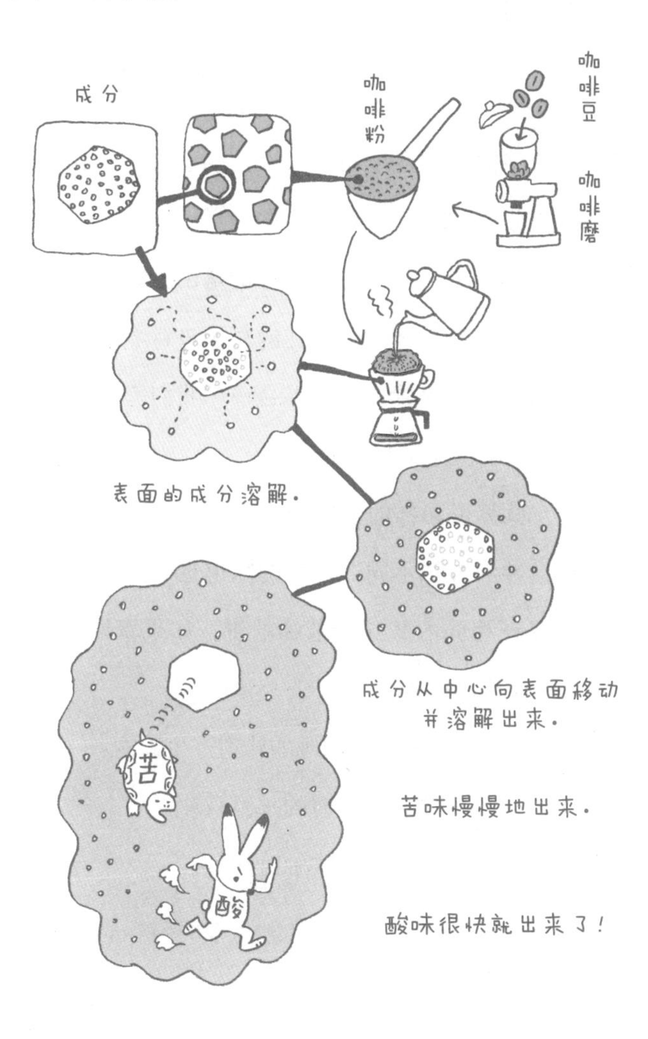

萃取

Q24

冲泡方法不同，咖啡的味道也不同吗？

咖啡的冲泡方法用一句话来说，就是通过控制和平衡咖啡豆中各种成分的萃取量来调制咖啡。

咖啡中的酸味和苦味成分的总量是由原料决定的，所以原料的选择非常重要。选择什么样的豆子进行烘焙，烘焙时如何升温，烘焙到什么程度，如何混合……我们完全可以说，以上这些操作基本上决定了咖啡的味道。

不过，就算用同样的原料冲泡咖啡，每次冲泡的味道也不一定一样。冲泡方法不同，咖啡的味道也不同。即便使用相同的原料，保证相同的酸味、苦味的量，如果萃取程度不一样，咖啡的味道也会不一样。

萃取时，以下因素会对咖啡的味道产生影响：

1．水温（和咖啡粉接触时的水温）；

2．时间（水与咖啡粉的接触时间）；

3．咖啡粉颗粒的大小。

1．萃取时的水温可以改变咖啡的味道

一说到水温，大家马上就会想到萃取时倒入的水的温度，而实际上，这里的水温指的是接触咖啡粉时的水温。

如果水温高，就会加快咖啡粉中成分溶解的速度。酸味成分本身的溶解速度很快，即使水温再高，其溶解于水中的总量也不会有太大变化。而苦味成分的溶解速度比较慢，如果水温高，苦味成分由咖啡粉中心向表层移动的速度就会一下子加快，融入水中的总量会变多，咖啡中苦味成分的比例就会增加。反之，如果水温低，咖啡中苦味成分的比例就会减少。

2．萃取时间可以改变咖啡的味道

酸味成分的溶解速度原本就快，所以 3 分钟溶入水中的量与 5 分钟的没有太大的差异，因为到第 3 分钟时，酸味成分基本上已经都溶解了。而苦味成分的溶解速度较慢，所以 3 分钟时溶入水中的量与 5 分钟时的差异较大。总之，如果增加萃取时间，时间越久，咖啡越苦。

了解这个因素之后，我们就可以灵活地控制萃取时间来调整咖啡的味道了。

如果你冲泡出来的咖啡偏酸，那可能是萃取时间不足，可以尝试延长萃取时间或更细的研磨度来调整。

如果你冲泡出来的咖啡偏苦，那可能是萃取时间过长，可以尝试更粗的研磨度或缩短萃取时间来加以改变。

3. 咖啡粉颗粒的大小可以改变咖啡的味道

咖啡粉磨得越细，意味着其中的成分越容易出来。对于原本就很容易溶解的酸味成分来说，咖啡粉颗粒的大小对它并没有太大的影响。但是，对于不易溶解的苦味成分来说，咖啡粉颗粒的大小就有着举足轻重的意义。咖啡粉颗粒越小，溶解于水中的苦味成分的总量就越大，苦味成分的比例也就越大。

到底什么口味更好？酸味与苦味成分的比例达到多少才最好？这就是个人喜好的问题了。如果是为自己冲泡的咖啡，只要自己喝着顺口就行；如果是为别人冲泡的，那么为了做出合适的口味，就需要掌握挑选原料、控制水温、萃取时间及咖啡粉的研磨程度这一类的技巧了。

萃取

Q25

用滤纸滴漏式冲泡咖啡，需要注意什么？

滤纸滴漏式，是先将纸质滤网放到有孔的容器中，然后将咖啡粉倒入滤纸，再从上方倒入热水。咖啡的成分先融入热水，再透过滤纸与滤杯的孔流入杯中。冲泡好后只需将滤纸连同残渣一起扔掉即可。

这种冲泡方法非常流行，但操作起来有一定的难度，要想冲泡出风味和质量稳定的好咖啡，需要反复练习。

滤纸滴漏式冲泡的第一个难点是由于萃取与过滤同时发生，无法控制萃取时间。而萃取时间（参照 Q24）是决定咖啡味道的重要因素。滤纸滴漏式与浸泡式、虹吸式的不同之处在于热水的注入与咖啡液的过滤是同时发生的。所以，从开始倒热水至结束的时间即使只有三分钟，但因为热水是分几次注入的，这样其实真正的萃取时间并不是三分钟。

第二个难点是根据咖啡粉的多少与颗粒大小的不同，萃取时间也不一样。例如，浸泡式或虹吸式在增加冲泡杯数时，只需要将咖啡粉与水量按倍增加，就可以冲泡出同样口味的咖啡。但滤纸滴漏式就不能使用这个方法。因为咖啡粉量增加了，如果同样地倒入热水，萃取时间会变长。想要增加冲泡杯数，就要一点点地减少咖啡粉的比例，或者换成颗粒大的咖啡粉。在咖啡粉量不变的条件下，为了调整口味，可以用颗粒大的相同质量的咖啡粉来冲泡，这样萃取的时间变了，味道自然也就改变了。在不改变咖啡粉颗粒的大小的条件下，还可以通过调整水温来改变味道。

第三个难点是使用的咖啡滤杯不同，萃取的时间也不同。不同的咖啡滤杯过滤的速度不同，所以咖啡滤杯对味道也是有影响的。这个问题我们将在下一节详细介绍。

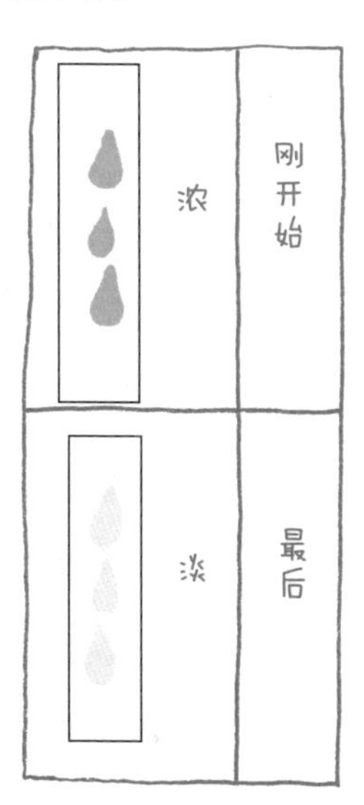

萃取

Q26

咖啡滤杯有几种类型？各自有什么特点？

滤纸滴漏式的咖啡滤杯有很多不同的类型，有单孔（小）的，有单孔（大）的，还有三孔的……使用不同类型的咖啡滤杯，过滤的速度不一样。

过滤得快，咖啡液流出越快，萃取的时间就越短。反之，过滤得慢，咖啡液就会滞留在滤杯中（滞留的咖啡液被称为“滞留液”），使萃取时间变长。萃取时间不同，咖啡的味道也不同。

而且，如果滤杯孔的大小不同，过滤的速度也不一样。孔小的滤杯（单孔），过滤的速度慢。使用这种滤杯，倒入热水后不会马上流净，而是有一定程度的滞留，这样冲泡出的咖啡品质较为稳定，不易受倒水方式的影响。

反之，如果孔的面积大（大的单孔或三孔），过滤速度就会变快，倒水方式对咖啡味道的影响就大。这种类型的咖啡滤杯不易产生滞留液，随着水的倒入，萃取和过滤会同时进行，而且是以倒入水的位置为中心发生萃取的。水倒得多的地方，萃

单孔（大）	三孔	单孔（小）	滤杯的类型
比三孔的快	比单孔（小）的快	慢，相同时间内过滤的量很少	过滤速度
不容易滞留	滞留比较少	很容易滞留	滞留液

像一个蓄水池

取得就多些，反之则少些，也就是说粉末中的咖啡成分容易溶解得不均匀。经常会听到有人说“不要将热水浇到滤杯的边上”，确实，如果在咖啡粉堆积厚的地方和薄的地方倒入相同的水量，那么周边薄的地方就容易萃取过度。

选择滤杯的时候，还需要注意它的材质。陶瓷质地的滤杯，每一个都会有微小的差异。如果内壁上刻的沟槽有的成形效果不好，就会妨碍水的流出，所以买的时候要特别注意。

和滤杯配合使用的滤纸也需要注意。有的滤纸味道很大，这种味道会对咖啡香味造成干扰。建议大家在买前最好先试一下，可以将滤纸放入杯子，直接在上面倒入热水，然后闻一闻就知道纸的气味合不合适了。

萃取

Q27

用哪种手冲壶好？为什么要按照“の”的样子倒水？

在市面上可以买到滴漏式专用水壶——手冲壶，使用这种壶倒水，能够控制水倒入的量与位置。

如果希望产生滞留液，那就不一定非得用手冲壶倒水，用普通的水壶或其他的壶也是可以的。如果不希望产生滞留液，这时手冲壶就显得尤为重要了。这是因为咖啡会以热水的倒入位置为中心进行萃取，掌握咖啡的萃取状况，从某种意义上来说就是控制热水的倒入方式。

经常听到有人说“要按照‘の’的样子倒热水”，那时因为萃取过程中，咖啡的成分由咖啡粉的中心向表面移动得很慢，如果一直朝一个地方倒水，那么就只是在冲刷粉末的表面，这样冲泡出来的咖啡浓度很低、淡而无味。所以在没有咖啡滞留液的时候，不能一直往一个地方倒水。如果有咖啡滞留液，注意只要不是一动不动地往同一个地方倒水，也不必完全拘泥于

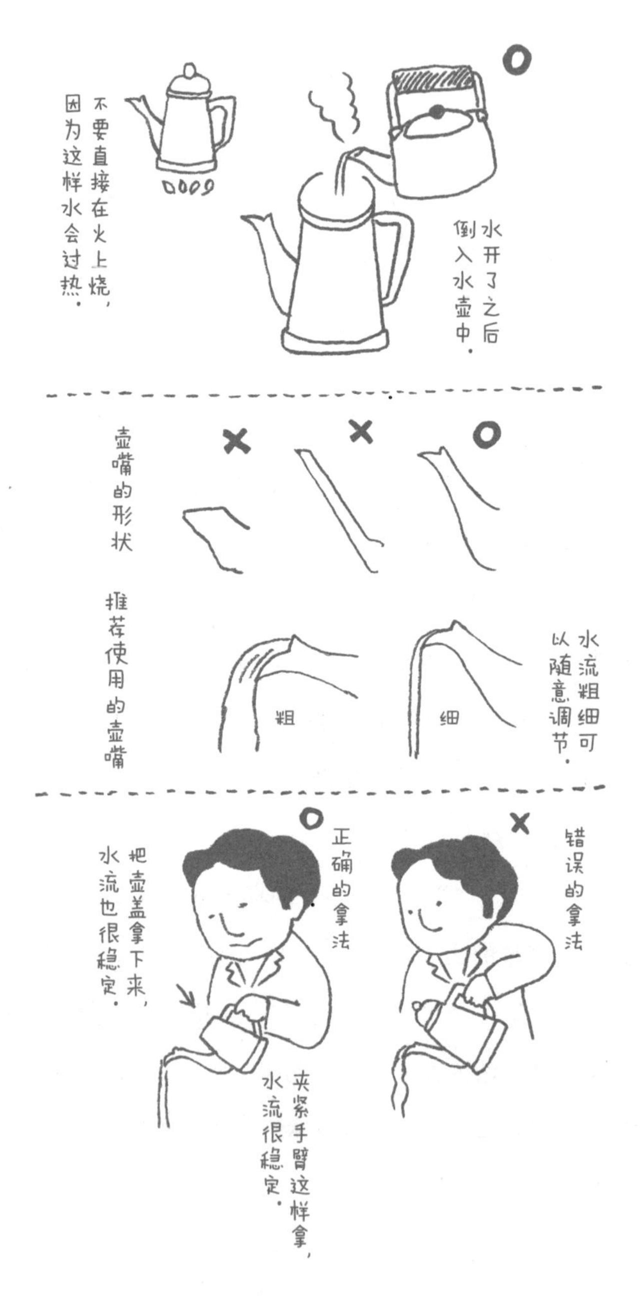
水开了之后倒入水壶中。
不要直接在火上烧，因为这样水会过热。
壶嘴的形状
水流粗细可以随意调节。
细
粗
推荐使用的壶嘴
错误的拿法
正确的拿法
夹紧手臂这样拿，水流很稳定。
把壶盖拿下来，水流也很稳定。

按照“の”的样子倒。

至今为止，我用过很多类型的手冲壶，我发现，并不是所有的手冲壶都能很好地控制倒入的水量，所以在买之前最好试一下。由于形状和容量不同，手冲壶的好用程度也有差别。如果壶嘴的前端比较细，倒出的水流就细，如果壶嘴的底端也细，那倒出的水流就偏急。由于水流细，在向大一点的咖啡滤杯中倒水时，就很难进行大范围的萃取，所以这种手冲壶不太适用。我个人认为，下粗上细的壶嘴比较好用。如果不是很在意壶的样式，也可以用茶壶。

萃取

Q28

为什么倒入水后咖啡粉会膨胀？如果没有膨胀，是因为咖啡粉不新鲜吗？

将热水倒入咖啡粉中，咖啡表面会冒出泡沫，而且粉末整体会膨胀，泡沫的冒出方式和粉末的膨胀程度也各不相同。

这些泡沫到底是什么呢？

泡沫中的气体是烘焙咖啡豆时产生的二氧化碳，形成泡沫外膜的是蛋白质或多糖类等（与意式浓缩咖啡表面覆盖的泡沫成分相同）。有人认为，在冲泡过程中产生的泡沫是咖啡发涩的原因，这种说法不一定准确。因为即使将泡沫撇出来，放到冲泡好的咖啡中搅拌，也喝不出和之前的味道有什么不一样。

向咖啡粉中倒水时，产生的泡沫有时较小、有时较大，还有时几乎不产生泡沫。这是因为释放二氧化碳的方式有所不同。

刚刚烘焙好的咖啡豆中含有大量的二氧化碳，如果立即磨成粉，倒入热水就会有大量的泡沫产生。这些泡沫会影响咖啡的萃取，但这并不代表咖啡豆不好。我们会发现，此时即便用平时的方法冲泡咖啡，味道也比平时要淡。所以人们常常说：“新磨好的咖啡豆，要放一个晚上再用。”

如果几乎没有什么泡沫，或者咖啡粉的膨胀度较低，说明咖啡粉中的二氧化碳含量比较低。有人说，不怎么膨胀，是由于咖啡粉不新鲜。的确，烘焙后随着时间的流逝，咖啡豆中的二氧化碳含量会越来越少。此外，咖啡粉不容易膨胀的原因，还可能是因为装包时放入了吸收二氧化碳的脱氧剂，或是由于使用了颗粒大的咖啡粉并缓慢倒入热水以及水温较低等原因。

萃取

Q29

如何使用滤纸滴漏式冲泡出风味稳定的咖啡？

即使用同样的咖啡粉，每次冲出来的咖啡味道也会不一样，这是因为每次萃取时的水温（接触咖啡粉时的水温）和萃取时间（热水与粉末接触的时间）不一样。

为了控制好温度，就要使用温度计。市面上卖的温度计大多精度较低，误差可能达 ±5℃，为了更准确地控制温度，最好用两个温度计或换一个精度高的温度计。我们要测量的并不是通常意义上的水温，而是接触咖啡粉时的水温。这个温度会受倒水方式、咖啡粉量、咖啡粉温度等因素的影响，如果这些条件不固定，测量效果也会大打折扣。

要想萃取时间稳定，那么倒水的方式也必须稳定。你可以参考滤杯中咖啡粉的状态和水量来掌控倒水的时机。之前有人总结了一些技巧，比如“一直倒水直至粉末完全膨胀”“在滤纸中的水还没有完全流出之前倒水”“不要等咖啡液还未完全过滤，就将滤杯拿开”等。在用手冲壶倒水时，要记得每次倒水后都要往手冲壶中加水，保持手冲壶中有一定量的水，从而保证出水的稳定。如果手冲壶比较重，就要将壶靠近身体，不要只用手臂的力量，而是要借助上身的力量去控制手冲壶。

另外，如果增加冲泡的杯数，就要调整萃取的时间。萃取量增多了，整体的萃取时间就会变长。考虑到这一点，我们可以减少单杯的粉量、换用颗粒大的咖啡粉，或者是换成过滤速度快（大的单孔）的滤杯。相反，如果减少冲泡的杯数，就可以增加粉量、使用颗粒更细的咖啡粉，或者换成过滤速度慢（小的单孔）的滤杯。按照这些方法就可以保证咖啡的味道稳定。

还有一种比较浪费的方法就是用两张滤纸，这样也会降低过滤速度。因为粉质很细，本身咖啡的成分就容易溶解，再加上长时间的萃取，会使咖啡的苦味成分过多地溶解到水中。这样原本不希望太苦的咖啡，就会变得更苦。

在使用滤纸滴漏式冲泡咖啡时，我个人有一个小技巧。我会先放入较多的大颗粒咖啡粉，然后迅速过滤，这样冲泡简单，味道也不错。因为粗磨咖啡粉的过滤时间短，咖啡中的苦味便很少。但这样做，咖啡的味道会偏淡，为了弥补这个缺点，要多放一些咖啡粉。想要用这种方法做出风味稳定的咖啡是需要反复练习的，为了弥补水平发挥得不稳定，我建议冲的时候可以稍微冲浓一些，冲泡好后先尝一下味道，再适当地添水调整，这样冲泡出来的咖啡味道不就稳定了吗？

萃取

Q30

法兰绒滴漏式的特点和冲泡诀窍是什么？

在滤纸滴漏式普及之前，法兰绒滴漏式是广为人知的冲泡方法，这种方法是用法兰绒（单面绒）代替咖啡滤杯，萃取原理与滤纸滴漏式相同，但是过滤速度要快一些。在冲泡量大的时候，费时不会很长，适用于单次冲泡量较大的情况。如果冲泡量少，由于倒水的方式不同，口味差异会比较大，所以比较考验操作者的手艺。

法兰绒的孔比滤纸要大一些，更容易将咖啡中的成分萃取出来。例如，在使用滤纸的时候，脂类会被滤纸的过滤层挡住，很难流入杯中，而用法兰绒过滤的咖啡中则含有较多的脂类。法兰绒滴漏式与滤纸滴漏式相比，它的魅力在于冲泡出的咖啡会带有独特的油脂感。

我曾经看过一本经典的咖啡书，书中详细讲解了很多种法兰绒滤网的使用方法，例如，绒面朝里还是绒面朝外，如何裁剪并缝合法兰绒等。我也尝试过一些，发现这真是一个有着无

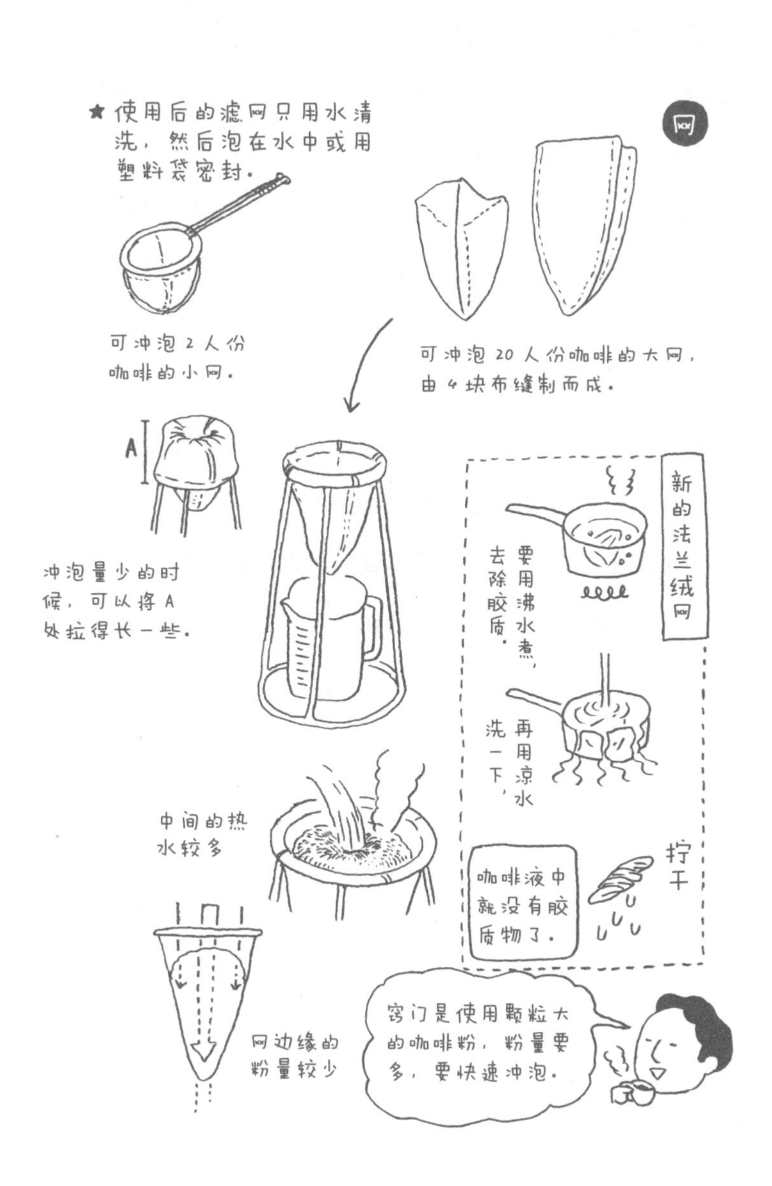
★使用后的滤网只用水清洗，然后泡在水中或用塑料袋密封。
网
可冲泡2人份咖啡的小网。
可冲泡20人份咖啡的大网，由4块布缝制而成。
A
冲泡量少的时候，可以将A处拉得长一些。
新的法兰绒网
要用沸水煮，去除胶质。
再用凉水洗一下，
拧干
咖啡液中就没有胶质物了。
中间的热水较多
网边缘的粉量较少
窍门是使用颗粒大的咖啡粉，粉量要多，要快速冲泡。

限可能的奇妙世界，也许这正是法兰绒滤网的魅力所在吧。

法兰绒滴漏式的滤网保养非常重要。为了去掉新法兰绒上的糊状物，需要将其放到沸水中煮。另外，用过的滤网要先用清水洗掉咖啡残渣，然后湿着保存起来，可以放在塑料袋中或泡在水里。我就有过这样的失败经历——将滤网晾干后才发现，残留在上面的咖啡成分变质了，散发出一股臭味，导致滤网不能再用了。

法兰绒会在使用过程中慢慢地被堵塞，所以我们平常冲泡咖啡时，要注意一下咖啡液的流出速度。如果速度变慢，就可以通过换大颗粒的咖啡粉或减少粉量的方法来调整。

如果咖啡的味道变得浓厚，就要考虑更换新的法兰绒滤网了。另外，将绒面朝里，滤网会比较容易堵塞，所以我一般都将绒面朝外。

萃取

Q31

法式滤压壶的咖啡萃取原理和冲泡诀窍是什么？

法式滤压壶由一个圆筒状的容器和一个可将咖啡粉与水分离的金属滤网（带压杆）构成。它的使用方法是将咖啡粉放入咖啡壶中，倒入热水，经过一段时间后挤压滤网，此时咖啡粉就会从容器底部分离过滤出来。这种冲泡方式操作简便，不过清洗有点麻烦。

法式滤压壶是很有代表性的浸泡式萃取器具。浸泡式萃取法的特点是容易控制并改变热水与咖啡粉的接触时间，也就是说，方便控制咖啡的味道。对于对咖啡的口味有个人要求的咖啡爱好者来说，这个方法很合适。

即便不用法式滤压壶，也可以使用浸泡式萃取法。你可以先把称好的咖啡粉放入马克杯，然后倒入热水搅拌，几分钟后用滤纸和咖啡滤杯过滤一下，一杯咖啡就冲泡好了。当然也可以不过滤咖啡粉，只是那样口感会略显粗糙，而且随着时间的流逝，咖啡的味道也会越来越浓。

如果你能控制好咖啡粉的颗粒大小、粉量（几勺）、水温（水开后多长时间）、水量（如果每次都用同样的马克杯，可以记住相同的水位）、倒入水后多长时间过滤等因素，就能保证每次冲泡的咖啡味道都一样。如果想改变一下口味，操作起来也简单：希望口味淡一些，那就减少咖啡粉量、用颗粒大的咖啡粉、水沸腾后多晾一会儿（让水温下降），或者缩短浸泡时间；反之，希望口味浓一些，则可以通过增加粉量、用颗粒小的咖啡粉、提高热水的温度，或者延长浸泡时间来调节。

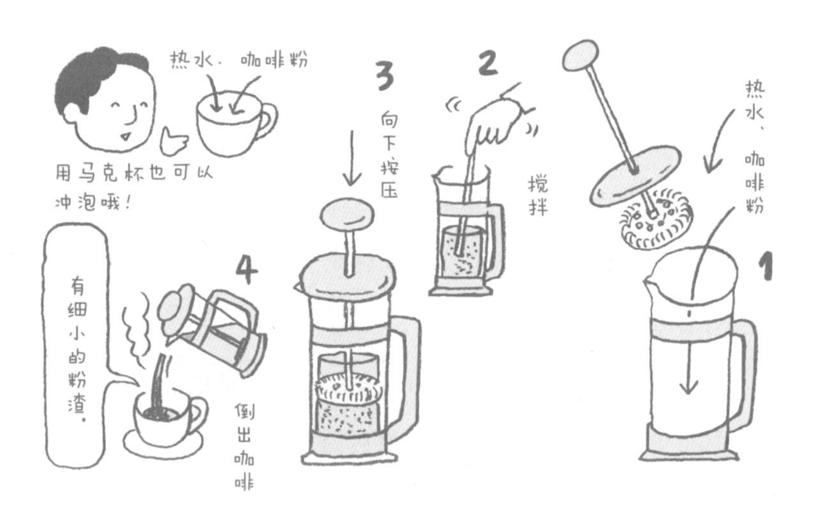

萃取

Q32

虹吸式咖啡壶的萃取方法和冲泡诀窍是什么?

虹吸式咖啡壶的工作原理是这样的：烧瓶中的气体遇热膨胀，将热水推至上半部的漏斗中，通过和里面的咖啡粉充分接触，将咖啡萃取出来。结束时，只需将下边的火熄灭即可。火熄灭后，刚刚膨胀的水蒸气会遇冷收缩，原本在漏斗中的咖啡就会被吸到烧瓶中。而萃取时产生的残渣，则会被漏斗底端的滤网挡住。

用虹吸式咖啡壶来冲泡咖啡，味道稳定性很高。只要控制好咖啡粉颗粒的大小和粉量的多少，注意水量以及浸泡时间（咖啡粉和热水接触的时间）就可以了。水量可以通过烧瓶中的水位来掌控，而关火的时机则决定浸泡的时长，注意以上几点，冲泡咖啡就会变得很简单。虽然用这种方法冲泡出的咖啡味道稳定，但这也是受咖啡原料选择影响最大的冲泡方法。

虹吸式咖啡壶是通过加热使水蒸气膨胀，将热水推入上方的玻璃器具中进行萃取的，所以水温会持续偏高。水温高的时候，咖啡的苦味就容易出来，这样也就很容易冲泡出一杯热热的苦咖啡。所以，如果咖啡粉的原料没有选好，那么无论你再怎么调整咖啡粉颗粒的大小、粉量以及浸泡时间，都无法调制出美味的咖啡哦。

虹吸式咖啡壶拥有其他咖啡器具所没有的魅力，因为它具有独特的视觉效果。它不仅外形有个性，就连熄火后咖啡通过滤网被吸入烧瓶那一瞬间，也令人百看不厌。最近，据说又新增了用卤素灯进行加热的方法，使用起来宛如一场华丽盛大的灯光表演。我想这也是咖啡之所以美味的另外一个原因吧。

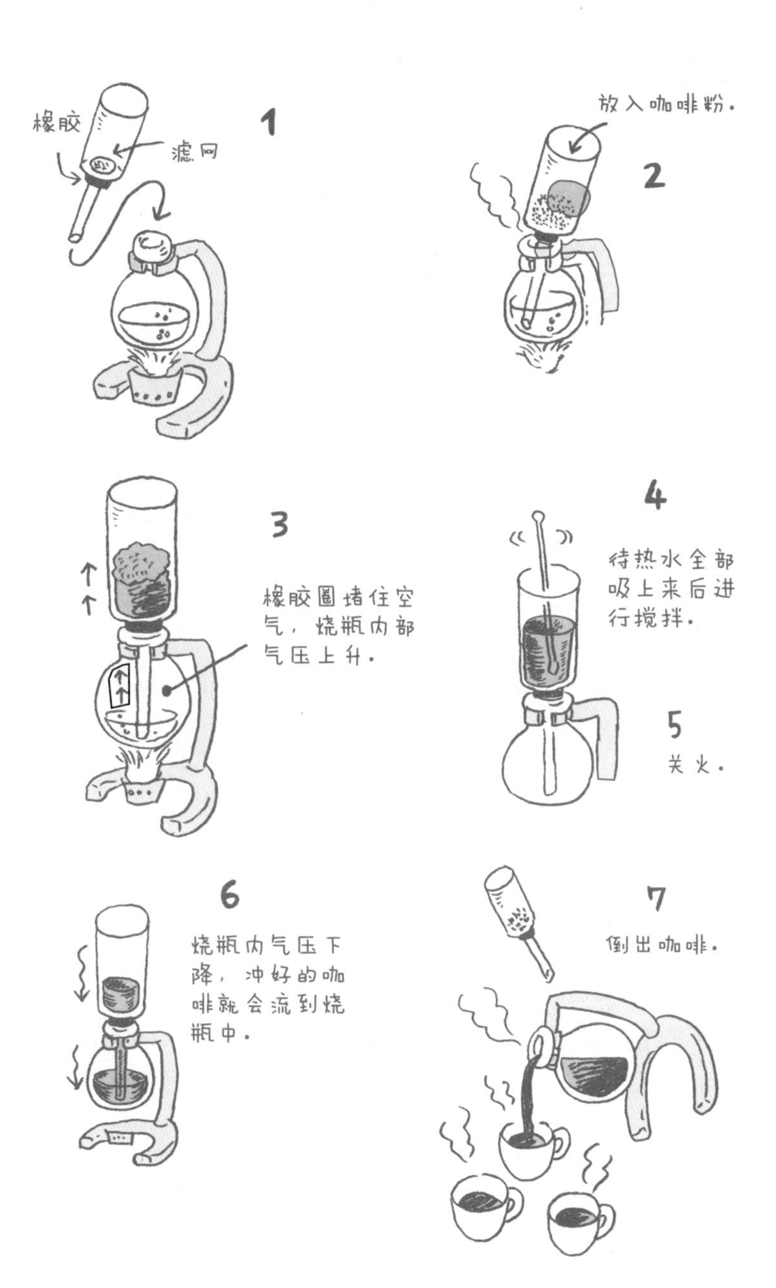
1
橡胶
滤网
2
放入咖啡粉。
3
橡胶圈堵住空气，烧瓶内部气压上升。
4
待热水全部吸上来后进行搅拌。
5
关火。
6
烧瓶内气压下降，冲好的咖啡就会流到烧瓶中。
7
倒出咖啡。

萃取

Q33

如何正确使用咖啡机？

在家冲泡咖啡，我们大多会选用咖啡机。现在，咖啡机的价格也不是很高，而且操作方法也简单。咖啡机的萃取原理和滴漏式很接近。

至今为止，我比较过很多种咖啡机。我发现，虽然都是用咖啡机冲泡，但机器种类不同，会影响热水接触咖啡粉的方式，当然，冲泡咖啡时的注意事项就更不一样了。因此在购买咖啡机之前，最好先试用一下。如果不能试用，也可以在网上查询一下相关信息后再购买。

使用咖啡机冲泡咖啡，水温大都偏高。因为无法控制水温和热水注入的方式，只能通过原料、咖啡粉量以及研磨的颗粒大小调节味道。如果你觉得咖啡口味偏重，可以尝试选择烘焙程度低的咖啡豆或颗粒大的咖啡粉。

我们在使用咖啡机时，一般会打开保温功能，但如果你重视咖啡的味道，我建议你取消保温功能。咖啡的香味中含有很多容易发生变化的成分，如果长时间保持高温，就会促使咖啡成分发生变化。如果将咖啡机持续保温十分钟，就能很容易察觉到咖啡的苦味、酸味以及香味的变化了。市面上有一种不用加热的保温瓶，虽然比起新鲜冲泡的咖啡来说味道会流失，但如果必须要保温，还是选择热负荷小一点的保温瓶比较好。

我个人不太喜欢用咖啡机冲泡咖啡。因为把水烧开，再用电动咖啡磨把咖啡豆磨好，也就是几分钟的事情。我觉得，把形成咖啡风味最重要的几分钟完全交付给机器，实在是太无趣了。在这短短的几分钟里，往往能体会到咖啡的无限乐趣，而且要熟练掌握这些操作是非常容易的。

萃取

Q34

清澈透明的咖啡代表味道更好吗？

经常听到有人说："澄清的咖啡味道才好，咖啡透明度差是原料品质不佳或冲泡方法不当造成的，喝了对身体不好。"这是真的吗？的确，过滤后本应该透明的咖啡液有时会显得浑浊，有时表面还会漂有一层油脂。

出现油脂的原因，也许是器具没有清洁干净。这并不是咖啡豆自身的问题，而是因为器具上附着的油污被热水冲入了咖啡中。因此，及时清洁器具也是冲泡出美味咖啡的要素之一。为了不破坏咖啡的味道，每天都要认真清洁咖啡器具。

萃取液浑浊是由于咖啡豆中的成分造成的。咖啡豆中各种成分溶于水的难易程度不一样，有些成分无论在凉水还是热水中都能轻松溶解，有些成分的溶解性是随水温升高而增强的，产生问题的往往是后者。杯中咖啡的温度会渐渐变凉，原本溶解在水中的一部分成分，由于温度下降、溶解度降低，就会从液体中析出，造成咖啡的浑浊。

有些成分很容易和其他成分黏合在一起，具有代表性的成分就是咖啡因和绿原酸类。咖啡因和绿原酸类一旦黏合，溶解度就会变得极低，咖啡自然就会变得浑浊。所以，咖啡因与绿原酸类含量高的咖啡比较容易浑浊。被视作低档品的卡内弗拉种中含有的咖啡因与绿原酸类往往比阿拉比卡种中的要高，但被视作高档品的阿拉比卡种里，也有绿原酸类和咖啡因含量高的品种。因此不能一概而论地说，咖啡浑浊是因为咖啡原料不好。另外，绿原酸类的含量会随着烘焙程度的加深而减少，所以烘焙度低的咖啡也容易浑浊。

咖啡浑浊与否，与个人喜好有一定的关系，不一定是咖啡原料问题或冲泡技术问题造成的。另外，关于“浑浊的咖啡对身体不好”这个论断，我从来没有看到过相关的医学报告。

萃取

Q35

意式浓缩咖啡机的萃取原理是什么？

意式浓缩咖啡机的产生不过是近一个世纪前的事情。虽然它是一种比较新的萃取方法，却在短短数年内迅速普及开来。掀起“意式浓缩咖啡热”的是一种被称为西雅图系的深度烘焙豆，而在发祥地意大利，当地人所用的咖啡豆的烘焙程度比西雅图系的要浅，而且也更被人熟知。

意式浓缩咖啡机与滴漏式的萃取原理不同。就像人们说的那样——“9个大气压、90℃、30秒”，意式浓缩咖啡机是通过高温（90℃）、高压（9个大气压）的萃取方法在短时间（30秒）内萃取出少量（30ml）的高浓度咖啡。高温、高压下的水蒸气能浸透到咖啡粉内部，将咖啡的成分溶解出来，比其他只能将咖啡粉表面成分溶解出来的萃取方法的效率要高得多。

咖啡液表面覆盖的细密泡沫也是意式浓缩咖啡的特征之一。这些泡沫是蛋白质与多糖类发生反应产生的咖啡油脂。这些油脂负责将香味封存在杯中。

意式浓缩咖啡的风味好坏，是由咖啡粉量、颗粒大小、装法等因素决定的。只要压力设定正确，三十秒左右就能萃取出30ml 的咖啡。如果粉量少、颗粒大、装得不实，压力就容易下降，萃取时间就比较短，这样萃取出来的咖啡口味就会淡，而且上面的泡沫也会很快消失。反之，如果粉量多、颗粒大、装得太实，那咖啡液可能就会半天出不来，萃取出的咖啡表面会伴有大而密的泡沫，涩味也重。

为了做出品质稳定的好咖啡，咖啡粉的量、装粉的密实程度都要准确，颗粒大小也必须调整到适宜的状态。有一种节省时间的好办法，就是用“咖啡胶囊”——一个胶囊里正好是一杯咖啡的粉量，现在这种方法已经非常普遍。使用咖啡胶囊，虽然很难让人感受到现磨咖啡豆的风味，但使用这种方法，无论谁都可以冲泡出一杯标准的意式浓缩咖啡。

萃取

Q36

在家也能冲泡出专业的意式浓缩咖啡吗？

有一种叫摩卡壶的咖啡机，常常被用作家庭制作意式浓缩咖啡的机器。摩卡壶的萃取原理是对密闭容器中的水加热，使其沸腾后到达咖啡粉层，然后开始萃取。摩卡壶用的也是意式浓缩咖啡的细咖啡粉，也像专业的咖啡机那样，让高温的热水透过滤网萃取咖啡，所以这种方法制成的咖啡也被称为意式浓缩咖啡。实际上，这种方法对咖啡粉施加的气压非常低，只有1.5个大气压，和真正的意式浓缩咖啡的萃取原理不一样，反而和滴漏式比较接近。在介绍滴漏式萃取方法的时候，我曾经提过，咖啡粉越细、水温越高，咖啡的苦味就越重，所以像摩卡壶这样，用很细的咖啡粉再配以100℃以上的热水制成的咖啡，味道非常苦。建议饮用的时候添加牛奶或水，这样口感会比较顺滑，也更好入口。

只有压力达到9个大气压左右的机型，才能做出纯正的意式浓缩咖啡。

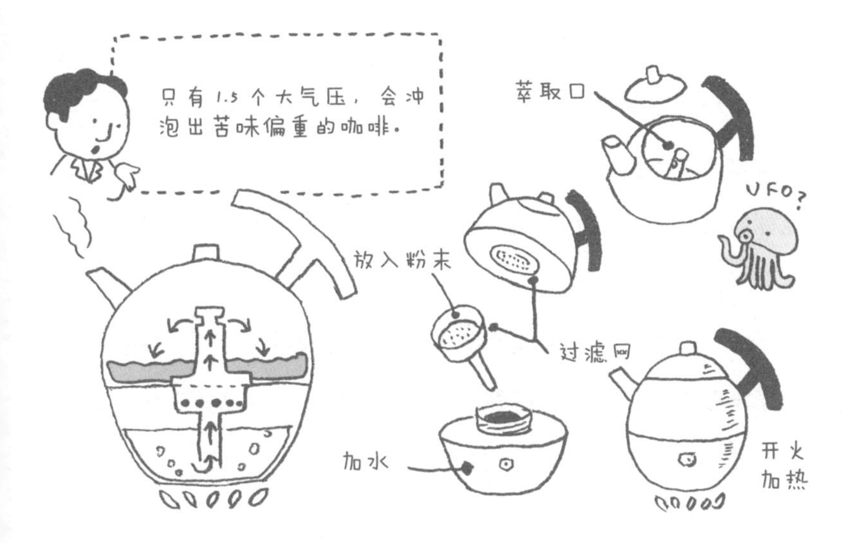
只有1.5个大气压，会冲泡出苦味偏重的咖啡。
萃取口
UFO?
放入粉末
过滤网
加水
开火
加热

萃取

Q37

冰滴咖啡的萃取原理是什么？

冰滴咖啡的操作方法就如其名字一样，不是用热水，而是用冷水来冲泡。咖啡豆中能够溶解于热水的成分，一定程度上也能够溶解于冷水，只是溶解所需要的时间会很长，几个小时甚至十几个小时不等。

冰滴咖啡的特点是味道温和，这是因为带来厚重感味道的苦味没有溶解到水中。另外，由于香味成分也不易溶于水，如果你想要追求咖啡的香味，就不宜采用这种冲泡方法。

一些专业的咖啡店在制作冰滴咖啡的时候，会使用类似做实验时用的玻璃器具：调节长颈瓶口的开关直至水一滴滴流出，经过几十厘米的距离滴落到咖啡粉层上。水滴“啪嗒啪嗒”地落下，然后慢慢穿过咖啡粉层，再一点点变成褐色，这真是一场视觉的享受。

其实在家也可以制作冰滴咖啡。在市面上你可以买到比专业咖啡店用的小一号的家用冰滴咖啡器具，只是价格稍微高一

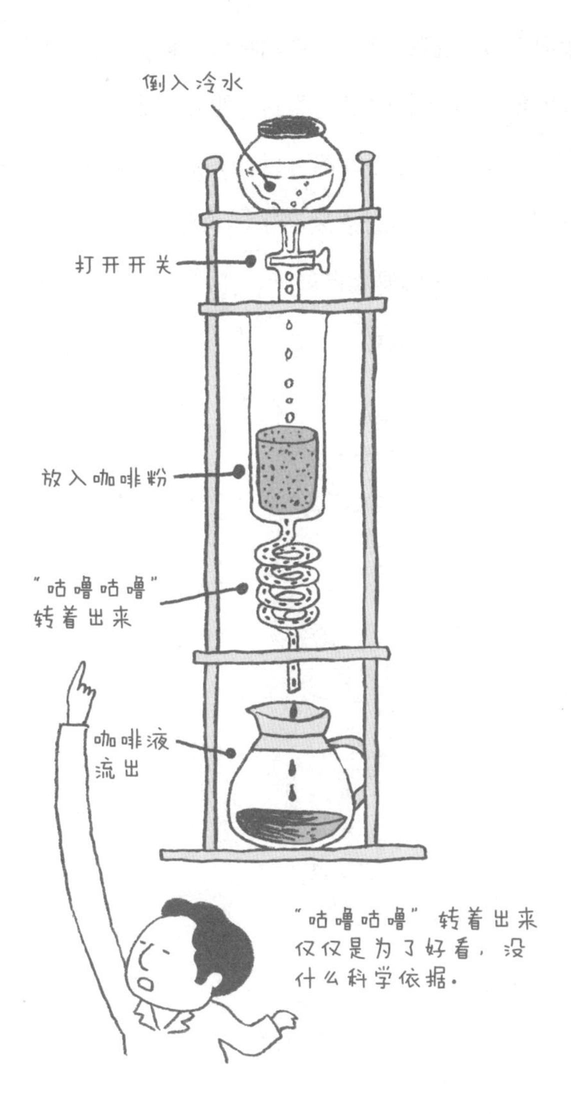
倒入冷水
打开开关
放入咖啡粉
"咕噜咕噜"
转着出来
咖啡液
流出
"咕噜咕噜"转着出来
仅仅是为了好看，没
什么科学依据。

点。这种家用的咖啡器具，水与咖啡粉的混合不是很均匀，容易发生萃取不均的现象，但只要在咖啡粉上面放一张滤纸就可以解决。

即便没有专业的萃取器具，也可以制作冰滴咖啡。法式滤压壶、小锅或马克杯等都可以。先放入咖啡粉，再倒水，剩下的就是等候了。等到浓度够了，再用滤纸将咖啡残渣过滤掉。这样，一杯冰滴咖啡就做好了。

萃取

Q38

如何冲泡出一杯美味的冰咖啡？

一百多年前的美国，有商家为了促进夏季的咖啡销量而大肆宣传，自此冰咖啡开始普及。电影《罗马假日》中就有这样的镜头——格里高利·派克主演的新闻记者点了一杯“Cold Coffee（冰咖啡）”。现在越来越多的人都青睐冰咖啡，每年夏天都是冰咖啡的销售旺季。

在制作冰咖啡时一定要注意，味觉是有温度特性的，我们感受到的味道强弱会受温度的影响。我所在的公司就曾经对员工、客户进行过味觉感受的测试，并得出这样的结论：当温度低时，人们对甜、苦的敏感度会下降，对酸的敏感度会上升。考虑到这种味觉上的变化，冰咖啡与热咖啡的制作方法也是不同的。制作冰咖啡时，需要用烘焙程度高且卡内弗拉种混合比例高的咖啡豆，这样就能弱化酸味、强化苦味。

为制作出美味的冰咖啡，在用热水冲泡咖啡时，一般会冲得浓一些，并将咖啡液直接浇到冰块上，这样做既能达到冷却的目的，又能对咖啡进行稀释。当然还可以用水冲式进行制作。

冰咖啡的优点是口味清爽，因为温度低，咖啡风味的持续时间更长，如果放到冰箱中冷藏，味道可以保持几小时不变。

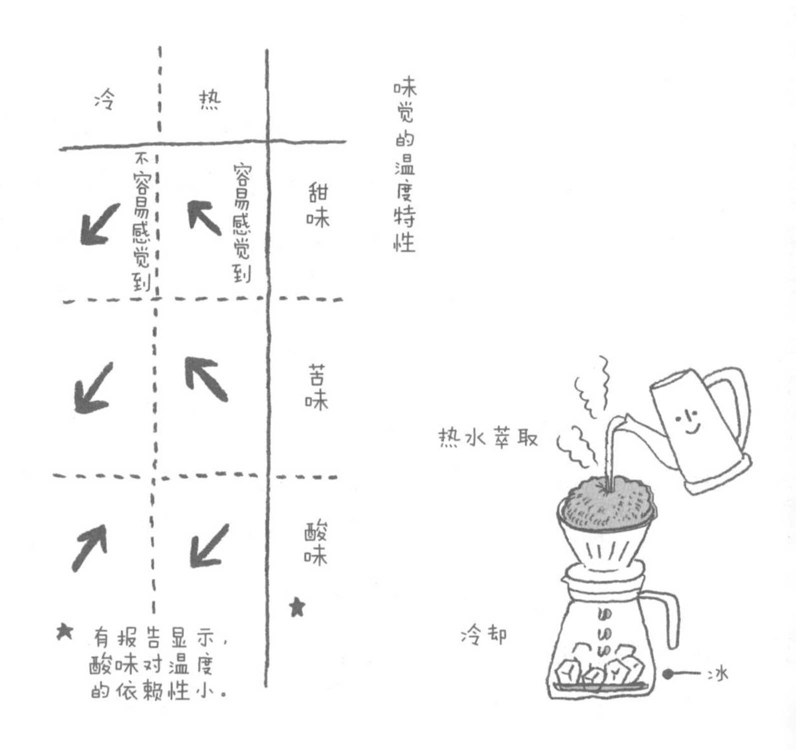

研磨

Q39

为什么要研磨咖啡豆？如何辨别和使用不同品种以及不同粗细的咖啡粉？

通常我们会将买来的咖啡豆研磨后使用，这是为了方便提取咖啡豆中的有效成分。研磨后的咖啡豆，表面积会增加 1000 倍左右，这样，我们只用几分钟就能冲泡好一杯咖啡。

想把咖啡豆磨到什么样的程度，就把咖啡磨设定到相应的档位再研磨就可以了，调节与操作都非常简单。

粗磨粉的颗粒比粗砂糖的颗粒大，中度粉的颗粒和细砂糖颗粒差不多大，中度偏细的颗粒大小介于中度粉与细磨粉之间，细磨粉的颗粒大小介于细砂糖和绵白糖之间，极细粉的颗粒比细磨粉的颗粒更小。

咖啡粉颗粒的大小，对溶解方式与过滤速度都有很大的影响。所以，我们要根据冲泡器具和萃取方法选择合适的咖啡粉。我比较倾向于以下用法：极细粉主要用于意式浓缩咖啡；细粉主要用于简易萃取型，即把一杯份的咖啡粉放入滤纸，然后将其挂在杯中；中度偏细和中度粉主要用于滤纸滴漏式和虹吸式；粗磨粉可用于法式滤压壶。

●研磨方法和咖啡颗粒的大小

粗磨粉	比粗砂糖颗粒大
中度粉	接近细砂糖颗粒
中度偏细	介于中度粉与细磨粉之间
细磨粉	介于细砂糖颗粒与绵白糖颗粒之间
极细粉	比细磨粉的颗粒更小

以上参考自日本咖啡公正交易协议会的《研磨的基准》

研磨

Q40

研磨咖啡豆有什么技巧?

自己在家研磨咖啡豆，最大的好处是可以现磨现用。我就很喜欢现磨现用，通常我会先准备好煮咖啡的器具，在水烧开之后，再开始研磨咖啡豆。

咖啡粉颗粒的大小，不仅对溶解方式与过滤速度有影响，对咖啡的风味也有很大的影响。因此，如何研磨咖啡豆就显得非常重要了。理想的状态是研磨均匀，更简单地说，就是将咖啡豆都研磨成粗细大小相同的样子，但是这实现起来难度很大。到底是使用价格高昂的高精度设备好，还是将磨好的咖啡粉过一下筛好呢?

自己在家研磨咖啡粉时，要尽可能避免微粉的出现，微粉是指非常细的咖啡粉，因为萃取原理不同，只有意式浓缩咖啡机适合用非常细的咖啡粉。理由之一是同样重量的咖啡粉，颗粒越细，咖啡粉的表面积越大，冲泡出来的咖啡也就越浓；理由之二是咖啡粉颗粒越细，过滤的时间就越长，会增加不必要的萃取时间；理由之三是咖啡粉太细会导致萃取过度，析出一些影响咖啡风味的成分，导致味道很难控制。

产生微粉的程度与咖啡磨的种类有关。首先，我们要了解自己使用的咖啡磨产生微粉的量。然后，我们可以按照平时的方法研磨，再用茶筛或面粉筛将微粉筛掉。

如果咖啡磨是可调节的，我们就可以将其设定到比平时研磨的颗粒大一些的档位，这样产生微粉的量就会少一些。如果咖啡粉颗粒整体变大，咖啡成分的溶解会变难，那如果想要冲泡出同样浓度的咖啡，就不得不增加咖啡粉量。如果咖啡磨是不可调节的，或者调节之后微粉量也没有减少，也可以用茶筛或面粉筛筛一下。

同时，你需要注意咖啡磨的清洁。如果不及时清理咖啡磨中的微粉，就会影响下一次使用。微粉是很容易变质的，长时间不清理，咖啡磨就会散发出难闻的味道。

选择什么样的咖啡磨，才能冲泡出美味的咖啡呢？从下一节开始，我将为大家详细地讲解咖啡磨的知识。

研磨

咖啡磨有哪些种类?

咖啡磨的种类有很多，不仅有手动的、“嗡嗡嗡”磨半天才能磨出 1 杯份咖啡粉的小型机，还有电动的、1 小时就能磨出 1 吨粉量的大型机。咖啡磨的特性由其构造决定，在这里，我会按照咖啡磨的构造进行分类讲解。

咖啡磨研磨部分的构造分为以下几种类型：轧辊式（Roll grinder）、平面刀片式（Flat cut）、锥形刀片式（Conical cut）和桨叶式（Blade grinder）。

轧辊式，就是通过调整两个螺旋状刀具（表面有刃）的间距，来控制咖啡粉颗粒的大小。

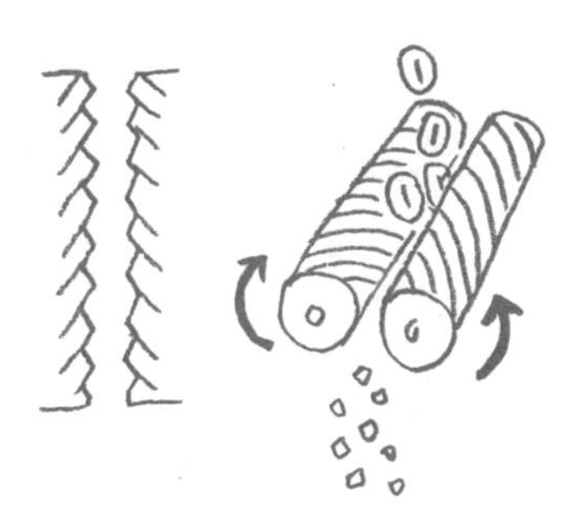

轧辊式

平面刀片式与锥形刀片式都是旋转的刀具（旋转齿轮）和固定的刀具（固定齿轮）配合运作的构造，摇动摇臂就可以带动刀具旋转，通过调整刀具之间的缝隙，可以控制咖啡粉颗粒的大小。

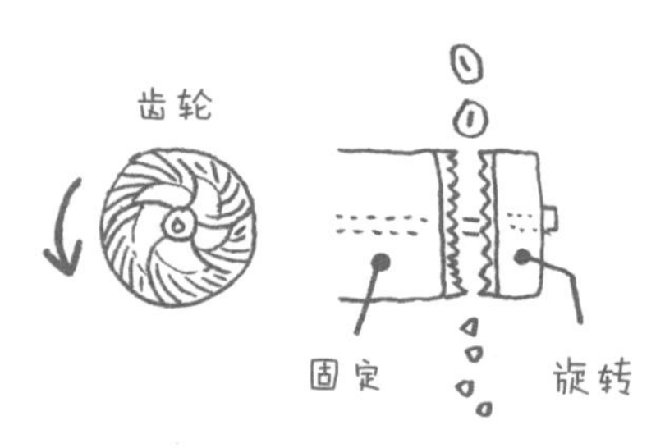

平面刀片式

锥形刀片式

桨叶式是通过旋转刀片来粉碎咖啡豆的。桨叶式没有调整咖啡粉颗粒大小的功能，所以只能通过控制时间的长短来大致掌控咖啡粉的粗细。

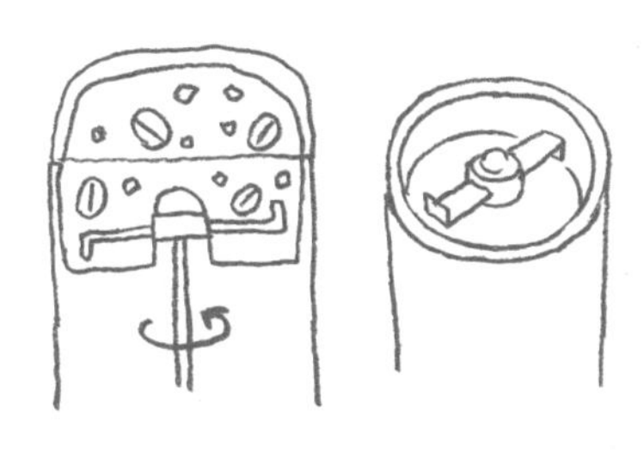

桨叶式

下一节开始，我将分别介绍这 4 种咖啡磨各自的特点以及使用诀窍。

研磨

Q42

轧辊式咖啡磨的特点和使用诀窍是什么？

轧辊式咖啡磨的特点，是能快速地加工出质地均匀的咖啡粉。而且，此款咖啡磨的摩擦生热相对较少，1 小时能加工出 1 吨左右的粉量，是工业咖啡磨的首选。

不同的生产商制作的轧辊式咖啡磨的刀具形状不一样，加工出来的咖啡颗粒形状也不一样：有长方形带棱角的，也有球形没有角的。所以同样重量的咖啡粉体积也有一定的差别。但这种机型研磨速度快，且在加工均匀度上也明显优于其他类型。

轧辊式咖啡磨在粉碎咖啡豆的过程中会将咖啡豆与银皮分离。银皮是包裹在咖啡豆表面的薄皮，由于银皮的一部分长在生豆里面，所以只能在粉碎这一步骤将其剥离。有的机型的咖啡磨可以将剥离的银皮与咖啡粉分离；有的机型做不到，加工出来的咖啡粉会混有银皮的碎屑。银皮碎屑到底对咖啡的味道有没有影响？目前这个问题还有争议，不过我个人认为没有什么影响。我对不同的机器、不同的人都进行过测试，得出的结论是：即使有银皮碎屑混入，咖啡的风味也没什么差异。虽然银皮与咖啡粉的成分不同，但因为量极少，不会对咖啡的味道造成影响。

适合用于大产量的轧辊式咖啡磨，使用时要注意以下几点：第一，长时间加工后，要进行微调。虽然此款机型不易于摩擦生热，但在连续运转30分钟的情况下，刀具之间的间隙还是会发生一定的变化。第二，要控制粉碎的速度。如果倒入咖啡豆的速度过快，咖啡粉颗粒的均匀度就会下降。如果你很重视咖啡粉颗粒的均匀度，可以用推荐速度的七八成来加工，这样质量就有保证了。

最近，不管是咖啡店还是专门磨咖啡豆的小店，都会选择轧辊式咖啡磨。这确实是咖啡磨的理想机型，但是在家庭使用时，并不存在长时间使用会摩擦生热的问题，而且这款机型的价位又非常高，因此并不适合家庭使用。虽然用平面刀片式咖啡磨研磨咖啡粉的均匀度稍微差些，但对家庭来说已经足够了。

咖啡豆表面的薄皮，与花生表面的薄皮很相似。

筛一下烘焙后的咖啡豆，可以去掉银皮碎屑。

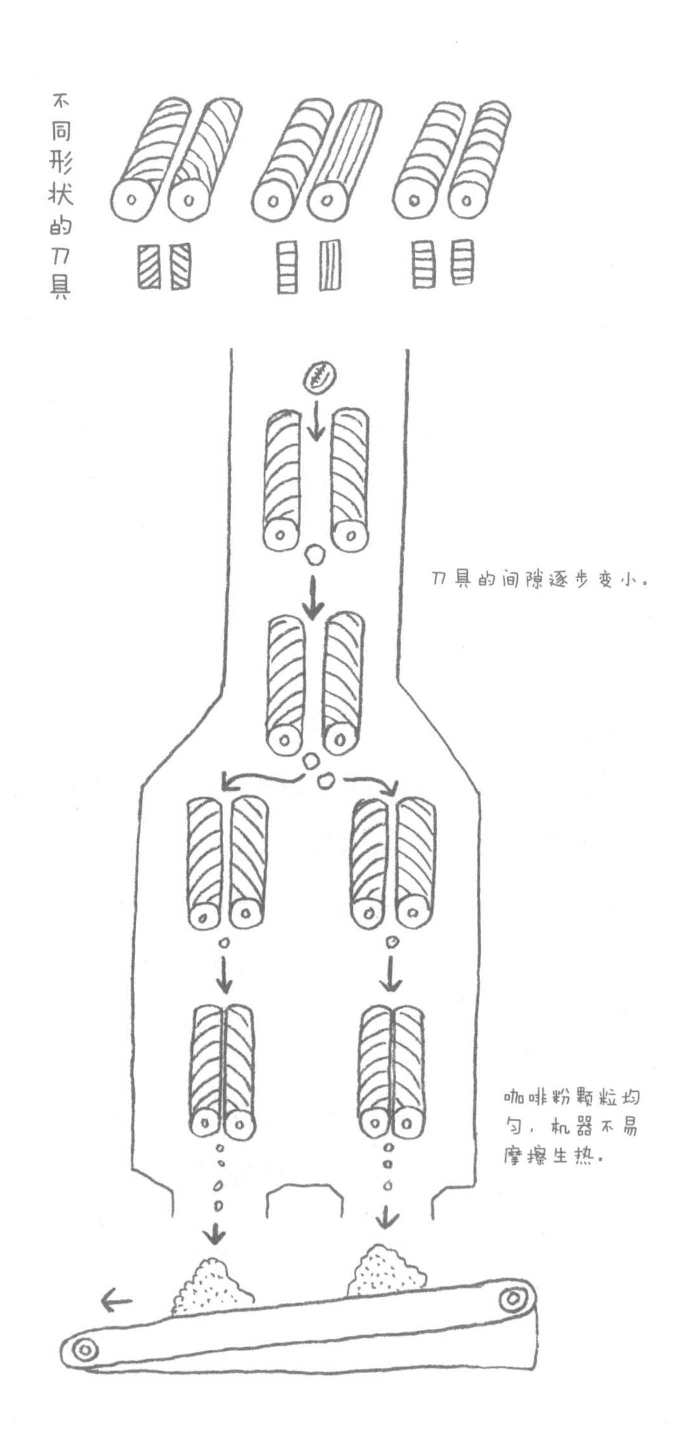
不同形状的刀具
刀具的间隙逐步变小。
咖啡粉颗粒均匀，机器不易摩擦生热。

研磨

Q43

平面刀片式咖啡磨的特点和使用诀窍是什么？

虽然说平面刀片式咖啡磨是专卖店与家庭普遍使用的电动咖啡磨，但在专业领域中，平面刀片式并不是普及率最高的类型。

平面刀片式咖啡磨的刀具有陶瓷制和金属制两种。其中金属制的刀具又分为两种：圆润的铸造成形和锋利的机加工成形。刀具形状不同，加工出的咖啡粉颗粒大小与均匀度就不同。而且，平面刀片式的研磨齿有横向和纵向两种，所以加工出的咖啡粉颗粒的大小与均匀度也不一样。

由于刀具的材质、形状、组装方式各不相同，所以平面刀片式咖啡磨的品种繁多。用这种机型加工出的咖啡粉，品质差异很大，有专业用和家庭用之分。专业用的价格高、结实、粉碎速度快，比家庭用的性能好。不过，我对这种机型的咖啡磨进行过数据分析，发现无论是专业型还是家用型，加工出的咖啡粉均匀度都没有什么差异。与此相比，刀具的组装位置对咖啡粉的均匀度倒是有一定的影响，横向的刀具加工出的咖啡粉，微粉量要稍微少一些。

虽然都叫平面刀片式，但也分为刀具较钝的磨盘型与刀具较锐利的切割型两种。很多人认为，切割型的优点是比磨盘型产生的摩擦热少。确实，刀具的形状发生变化，咖啡的风味也会改变。咖啡颗粒的均匀度发生变化，咖啡粉的表面积也会发生改变，冲泡出的咖啡香味与浓度当然就会不一样。

在比较咖啡磨时，如果不能用表面积完全一样的咖啡粉进行对比，那么得出的结果是站不住脚的。目测起来颗粒大小差不多的咖啡粉，表面积可能完全不同。在这种情况下，咖啡风味的差异就不一定是刀具摩擦生热的结果了。我个人认为，只要咖啡磨不连续运转十分钟以上，摩擦生热造成的影响是很小的。我曾经将表面积相同的咖啡粉进行冲泡并对比，结果发现香味与成分几乎没有变化。

研磨

Q44

锥形刀片式咖啡磨的特点和使用诀窍是什么?

锥形刀片式咖啡磨有手动和电动两种。

手动式

转动咖啡磨的摇臂，发出“咯噔咯噔”磨豆子的声响，这是电动咖啡磨无法体会到的乐趣。虽然加工起来比较费时，但是在这期间，你能闻到若隐若现的咖啡豆香味，这种美妙的感觉也是咖啡的迷人之处。

对于这一机型的不同构造与磨出咖啡粉的均匀度，我有一些使用体会。比较一下主轴上下双点固定或单点固定的这两种机型，就会发现，固定一处的机型磨出的咖啡粉，均匀度要差一些。即使是同一个咖啡磨，摇臂的速度不同，咖啡粉的均匀度也会不一样。想要追求稳定的质量，在研磨咖啡豆时要尽可能地保持匀速。

电动式

锥形刀片式的调节装置是螺杆式，不是刻度盘式，这样调节起来比较柔和，没有明显的档位感。因为这个特点，锥形刀片式咖啡磨多用于制作意式浓缩咖啡。在制作意式浓缩咖啡时，如果压力发生变化，味道就会变化，而且咖啡粉颗粒的大小与均匀度对压力都有影响，所以说意式浓缩咖啡机是对咖啡粉状态很敏感的一种萃取方式。

最近，意式浓缩咖啡机一下子流行了起来，无论在家庭还是商务场所，都广受人们推崇，所以，锥形刀片式咖啡磨在市面上也多了起来。

我是手动锥形刀片式咖啡磨。

如果是单点固定，磨好的咖啡粉可能会不太均匀。

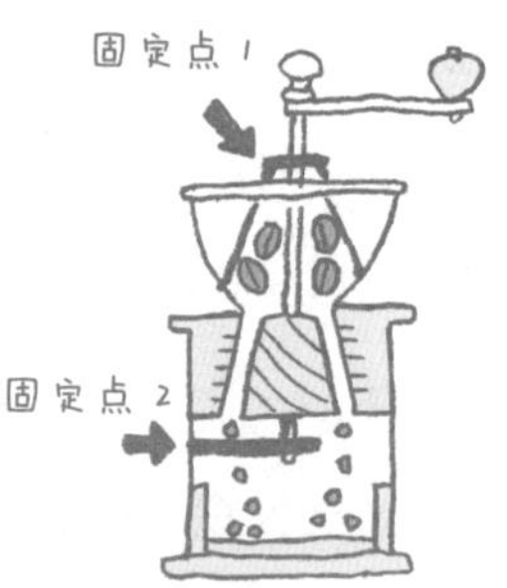

如果是双点固定，磨好的咖啡粉就会比较均匀。

研磨

Q45 浆叶式咖啡磨的特点和使用诀窍是什么？

浆叶式咖啡磨主要用于家用。这种类型的咖啡磨价格便宜、体积小、易清洁，但缺点是不能调节咖啡颗粒的大小，咖啡粉的均匀度非常差，超大颗粒和微粉比例比其他机型要相差多得多。虽然不同厂家的浆叶形状各有差异，但效果都差不多。因此，很少有专业人士推荐这一款咖啡磨。只要稍微增加一点预算，你就能买到均匀度与稳定性好得多的平面刀片式与锥形刀片式的咖啡磨。

不过，如果在使用方法上注意一下，也可以改善这一类咖啡磨的缺点。有以下两点需要注意：第一，一边摇晃一边研磨，这样研磨的均匀度会有所提高。虽然说有所提高，但还是远远不及平面刀片式与锥形刀片式。第二，如果要去除产生的微粉，可以用面粉筛或茶筛筛一下。大量的微粉会损害咖啡的味道，但如果将这些微粉全都去掉，那咖啡也会失去它原本的味道。

咖啡磨是使用寿命较长的器具，我建议大家尽可能选择平面刀片式与锥形刀片式。桨叶式咖啡磨是不能调节的，所以每次研磨的程度不容易保持一致。不过如果你不太追求每次的一致性，也可以选择它。当然，即便用桨叶式咖啡磨，也可以冲泡出美味的咖啡。

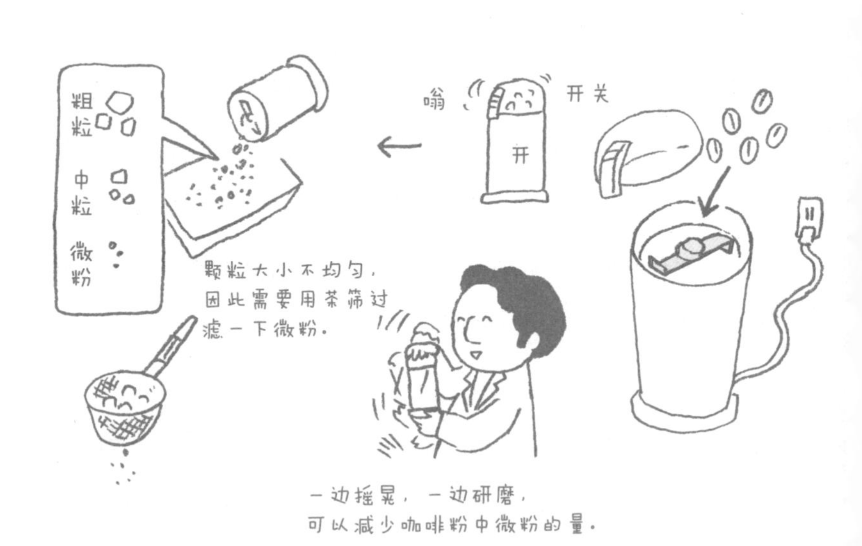

研磨

Q46

应该购买哪种类型的咖啡磨？

很多咖啡爱好者都问过我这个问题，这也是我最喜欢听到的问题。因为我一直认为，要想冲泡出一杯美味的咖啡，首要的事情就是研磨咖啡豆。现在，世界上的咖啡制品中七成以上是咖啡粉，我真心希望，有一天咖啡豆也能占到咖啡制品销量的七成。如果使用咖啡粉冲泡咖啡，就少了磨咖啡豆的趣味，真是可惜啊。

选购咖啡磨的时候，我们需要考虑预算、用途、目的、使用频率、大小、操作性等因素。如果预算有限，你可以把手动式的锥形刀片式和桨叶式作为备选。手动式的锥形刀片式咖啡磨有体积小、咖啡粉研磨均匀度较高的优点，但是操作起来比较费时。桨叶式咖啡磨不仅体积小，而且操作简单省时，但是研磨出的咖啡粉均匀度较差，很难保证冲泡出风味稳定的好咖啡。

如果你的预算比较充裕，那就可以把电动的锥形刀片式与平面刀片式作为备选。一台电动的锥形刀片式或平面刀片式的价格起码是桨叶式的两倍，而且每台机器的操作性和咖啡粉的均匀度也不一样，在购买之前最好先调查一下，可以在店里让店员演示，也可以到网上询问其他使用者的真实感受。

也有咖啡从业人士问过我同样的问题。如果你开的是咖啡店或销售咖啡粉的店铺，建议还是应该以平面刀片式为主要备选，选择时既要考虑到磨粉的速度不能给客人造成心理压力，同时也要考虑到日常维护的便利性。针对不同的咖啡磨，清洁与零件更换所用的时长也有所区别。如果用的是专业的意式浓缩咖啡机，那么就要以磨极细粉见长的锥形刀片式作为候补机型。在制作意式浓缩咖啡之前，一定要进行测试。因为即便咖啡粉颗粒的差异非常微小，也会影响最后的味道。

保存

Q47 咖啡应该如何保存?

市面上的大多数咖啡豆、咖啡粉都是用塑料袋密封后进行销售的。很多人觉得，包装袋就是袋子而已，有一些水蒸气、氧气之类的很正常。这些在普通消费者看来“很正常的事情”恰恰是专业人士最害怕的，因为这种包装气体阻隔性低，会严重影响咖啡的风味。

想要长时间保存咖啡，那就要选择正确的包装材质（参照Q74、Q745）。如果包装袋中的氧气、水分没有去除干净，或者材质的气体阻隔性低，那就不要购买得太多，更不要指望它能存放很久，要尽快喝完。除了咖啡粉之外，在选购咖啡豆时，也要注意这一点（参照Q20）。

如果包装袋中去掉了氧气和水分，材质的气体阻隔性高，那么，即使将咖啡豆放入冷冻室保存好几个月也不会变质。而且保存温度越低，保鲜度越高。冷冻的咖啡制品要完全恢复到常温才能食用，冷冻的温度越低，恢复到常温所需的时间就越长。一般情况下，冷冻的咖啡豆要在常温下放置半小时以上，才能打开包装。

如果未放置到常温状态就打开包装，会发生什么呢？将冷冻的咖啡豆按照平时的方法粉碎、冲泡，萃取时的温度就会比平时低，咖啡的口味就会变淡，香味也比平时弱。而且，袋中的咖啡豆劣化速度会更快。从冰箱里拿出来的咖啡豆，表面会结霜，如果这时打开袋子，咖啡豆中的水分就会一下子增多。即便是一打开袋子，取出咖啡豆后就立刻把袋子系上，咖啡豆中也会增加 1% 的水分。原本你想长期保存，可由于保存不当，反而加速了咖啡豆的劣化。

一次性买入很多咖啡豆时，要选择可以长时间保存的小包装制品。可以预留最近喝的量，剩下的都放进冷冻室。喝完一袋之后，再从冷冻室拿出一袋放到常温下，要尽可能地避免放在荧光灯、紫外线、温度高的环境。记住，开封后要尽快食用。

咖啡产业的可持续性指的是什么？

可能由于人们越来越关心事物的可持续性，最近我听到这类相关词汇的频率越来越高。

咖啡产业中的可持续性指的是以保护好人和动植物所处的生态环境为前提，使咖啡及其相关产业能够健康发展，让人们能够一直享受咖啡带来的快乐。

保护孕育咖啡的种植环境，说到底就是保护地球的生态环境。只有大家认识到这一点，从事咖啡产业的人才会在工作中感受到喜悦，这才是对辛勤劳动给予的相应回报。我们有必要让生产咖啡的劳动者感受到快乐，只有这样才能保证高品质咖啡的出品。

可持续性的咖啡产业近年来逐渐被消费者接受，消费者对其认知程度越来越高。先有一个正确的认识，而后才能付出具体的行动，这样咖啡带来的乐趣才能延续下去。

我的工作就是将“一杯咖啡的价值”正确地传达给每一个人。对我来说，“可持续性”是非常重要的概念。每个爱咖啡的人都应该明白——从一棵小小的咖啡树苗开始，中间经历了无数劳动者的辛劳，最终才有我们手中端着的这杯香醇的咖啡。

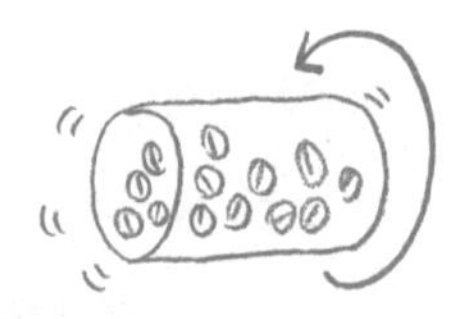

4

了解咖啡的加工

——生豆的处理、烘焙、混合、包装

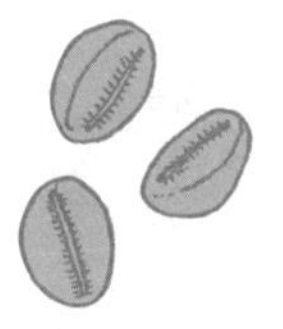

生豆的处理

Q48

水分越多或颜色越绿的生豆，新鲜度就越高吗?

咖啡生豆的成分中，恐怕只有水分给人们造成的误解最多，一直以来关于咖啡的水分众说纷纭。比如，“水分越多 = 咖啡生豆越新鲜”，“水分越多 = 咖啡生豆越绿”，“咖啡生豆越绿 = 咖啡生豆越新鲜”等。

这些说法都是错误的。

水分越多 = 咖啡生豆越新鲜？

如果生豆中的水分会随着时间的推移不断减少，那么“水分越多 = 咖啡生豆越新鲜”这个说法就是正确的。实际上，咖啡生豆中含有的水分是时而增加、时而减少的，就像木材中的水分一样，会随着外界湿度的变化而变化。

咖啡生豆周边的湿度大，它就会吸收水分；周边的湿度小，水分就会减少。即使是在同一个地方保存，梅雨季节时，生豆中的水分也会增加，而到了冬季，水分就会减少。另外，含水量也会受到产地的影响，采摘下来的生豆由于产地不同，含水量会有 3%~4% 的差异。

水分越多 = 咖啡生豆越绿？

如果是同一产地的咖啡豆，而且精选后没有经过任何运输或加工，那么这个说法在一定程度上是正确的。但是，如果受到环境、人为因素等影响，这种说法就很难成立了。不同产地生豆的含水量是不同的，例如，非洲产的咖啡生豆，即使水分含量在 10% 以下，颜色也非常绿。而中美洲产的咖啡生豆，如果水分含量没达到 12%~13%，颜色就没有那么绿。

咖啡生豆越绿 = 咖啡生豆越新鲜？

这种说法本身就有破绽。例如，如果由 A 能推导出 B，且由 A 也能推导出 C，但这并不表示由 B 能推导出 C。就好比早上醒来肚子饿，早上醒来要去上班，但这并不表示肚子饿就要去上班。

生豆的水分并不会直接影响咖啡的味道和颜色，因此不需要过于在意。如果因为这些次要的因素，而给咖啡的质量打了低分，那未免有些可惜。

生豆的处理

Q49

咖啡生豆的光泽度，对味道有影响吗？

有的生豆表面会像打过蜡一样充满光泽，而有的表面则没有光泽，比较粗糙。生豆有光泽是由于其表面有蜡层，这是由咖啡生豆自身的组织结构决定的，而生豆的产地和品种又决定了蜡层的光泽度。另外，除了“精选”对光泽度有影响外，如果使用有研磨功能的脱壳机，生豆就会显得更加熠熠发光。

如果生豆完全没有光泽，可能是因为被研磨过度，导致生豆表面的蜡层缺失，要么就是在产区的“精选”中出现了问题。

生豆表面是否有光泽，对烘焙后咖啡豆的外观会有影响。没有光泽的生豆在烘焙之后也没有光泽，咖啡豆会显现熏黑的颜色。为了让咖啡豆显得好看，在加工过程中有的会给生豆涂上油脂。其实，无论生豆的色泽是暗还是亮，形成咖啡风味的主要成分都相差无几。

不过，无论你是直接购买咖啡生豆，还是购买烘焙过的咖啡豆，只要是实地购买，还是要尽可能地避免选购无光泽的生豆。当然，如果买的是咖啡粉，那就无所谓是不是有光泽了。

因此，根据购买方式的不同，选择咖啡生豆的注意点也不同。咖啡生豆是否有光泽、豆子颗粒是大是小，这些都对咖啡的风味几乎没有影响。如果你购买的是咖啡粉，在选择原料时仅仅因为光泽度差就放弃了原本品质上好的生豆，那就有点得不偿失了。

生豆的处理

咖啡新豆和老豆有哪些不同?

新豆指的是当年收获的咖啡生豆。老豆则是指将收获的咖啡生豆放在特定温度与湿度的环境中保存，少则几年，多则几十年，让豆子一点点慢慢地发生变化，这种方法叫作“老化”。

豆子中的成分随着时间一点点流逝，会逐渐发生变化。通常咖啡生豆在烘焙后会变为褐色，即便是不加热，这种褐色化的现象也会发生在咖啡生豆上，这就是上文提到的“老化”。豆子经过长时间放置，颜色会由最初的绿色变为淡淡的褐色。

让咖啡生豆逐渐老化的方法，在很多国家的古老文献中都曾提到过，但是，为什么要让豆子一点点老化呢？推崇老豆的人们认为，经过老化的豆子味道比较柔和，经调查后发现确实如此。因为形成咖啡风味的糖类和绿原酸类会在老化的过程中逐渐流失，咖啡的味道自然会变得更加柔和。

但是，如果一开始选择的生豆的味道没有特色，经过老化后，味道就会变得更加单调。所以，一般被选择用来老化的生豆，都是新豆中味道特色非常鲜明的生豆。实际上，不经过数年的老化，谁也不知道最后的结果，有的咖啡生豆会在老化过程中味道流失得太多，从而失去原有的商品价值。

可以说老豆是经过人工与时间共同精选的结果。一般来说，收获后一年内的咖啡生豆会有一种特有的类似于陈米的味道，而经过老化的咖啡生豆没有刺鼻的味道，会散发出一种柔和的醇香。从这点来看，这种方法确实不可思议。

说到这里可能有人会问，新豆与老豆到底哪一种更好呢？其实，这两种豆子有着截然不同的味道，但它们不存在孰优孰劣的问题，区别只在于个人喜好的不同。我个人很喜欢新豆，也很享受品质优良的老豆所带有的独特香味。

生豆的处理

Q51

咖啡生豆真的需要清洗吗？

剥好的咖啡生豆装袋后会被运送到世界各地，可能确实会有不太干净的情况，甚至有的生豆表面还有水渍或泥渍。

如果仔细检查生豆表面那些肉眼看不到的微生物，就不难发现每 1 克咖啡生豆上就有一万个左右的细菌。

不过，这也并不代表咖啡生豆就必须清洗，因为经过烘焙，大部分的灰尘就会脱落，而且烘焙时的高温几乎能杀死所有微生物。

反倒是清洗过的咖啡生豆有两点需要注意。第一，注意不要用水浸泡太长时间。在水中浸泡的时间太长，构成咖啡风味的诸多成分就会流失；第二，注意适度干燥。干燥时间太长，容易滋生霉菌；而干燥时间太短，则会出现干燥不均，从而导致烘焙不均。如果一定要清洗，那么我建议快速清洗，适度干燥，然后尽可能快地用完这些生豆。

另一方面，我又有一个矛盾的想法，希望那些销售咖啡的人能够认识到咖啡生豆并不干净。为什么这么想呢？因为咖啡生豆、包装它的麻袋与烘焙好的咖啡豆的卫生要求是不一样的。将烘焙好的咖啡豆放在咖啡生豆的麻袋旁，或将装咖啡生豆的麻袋敞开放着，这些是家庭式烘焙店中很常见的现象。虽然不需要把咖啡豆摆放得像珠宝展品一样干净整齐，但至少应该知道那样做不卫生。

在业界，很少有人会将咖啡当成食品来对待——哪个食品行业会将客人入口的东西随便用手抓来抓去？会把食品与不卫生的东西放在一起？这是意识问题，如果意识不到，就会给大家带来伤害。生豆或麻袋上的灰尘，容易诱发过敏，使过敏体质的人身上起红斑。因此我认为，为了让消费者放心地饮用咖啡，每一个咖啡从业者都应该提升咖啡豆的卫生意识。

生豆的处理

Q52

咖啡生豆能够长期保存吗？保存的诀窍是什么？

咖啡生豆和烘焙豆相比，保存时间要更长。有专业人士认为，如果是咖啡生豆，什么时候用都可以。的确，有的老豆收获后可以放置数十年之久，但这并不代表“咖啡生豆放再久也没关系”。由于生豆的状态会发生变化，所以需要注意以下几点：

第一，很难保证精选后的咖啡风味一成不变。构成咖啡生豆风味的主要成分，会逐渐发生变化。有的是因为咖啡豆发霉，有的是因为各种成分发生了化学反应。

第二，保存环境对咖啡生豆的影响非常大。咖啡生豆中成分变化的速度会受到环境的影响，且受温湿度的影响最大。温度升高会加速变化，温度降低则会抑制变化。如果咖啡生豆长期保存在高温、高湿的地方，或者没有空调且温度、湿度变化很大的集装箱中，就会促进咖啡生豆成分的变化。夏天梅雨季节的温湿度高，咖啡生豆不容易保存，也是这个道理。为了防止环境对咖啡的影响，尽力保持新豆的风味，人们会用空调集装箱来运送咖啡生豆，也有的国家会用恒温仓库来保管，这样保鲜效果就好多了。

现在很多人都知道，温度低对咖啡生豆好，所以夏季有越来越多的家庭式烘焙店会利用冷库来保存咖啡生豆。但是这里还有一个问题，就是湿度。如果室内温度比室外低，室外温热的空气进入室内，室内的湿度就会大幅度提高。这样，不仅咖啡生豆中的水分会增加，豆子也会变软、发霉。每年夏天都会有朋友向我咨询生豆保存的问题，比如“咖啡生豆的样子怪怪的”“味道很奇怪”等，切记在控制温度的同时，也要严格控制湿度。

生豆的处理

Q53

哪里可以买到咖啡生豆？购买时要注意什么？

咖啡生豆的购买途径有很多种。如果购入量非常大，可以直接从进口商那里购买。如果购入量较小（十公斤左右），也可以从小批发商那里购买。但是，大的进口商也好，小的批发商也罢，都有可能不卖给个人。如果只是家庭用，量非常少，可以去家庭式烘焙店，或在网上购买。

20 世纪 90 年代，我开始对烘焙产生浓厚的兴趣。那时我还是学生，市面上很少能见到咖啡生豆，几乎看不到销售生豆的店铺。而如今，咖啡生豆却有商用和家用等多种选择，选购的时候可能还会被问想要哪种类型。

选择商用的咖啡生豆供应商时，可以从生豆的价格、品种数量、供应能力、质量高低、品质稳定性、是否促销等因素来判断。

选择家用的咖啡生豆供应商时，最好将店铺的销售特色作为评判标准。这不光是指价格与质量上的差异，还包含是否重视客户的咨询、品种是否丰富、是否专售新豆等各种因素。

对于烘焙经验少的新手来说，选择服务态度亲切、愿意传授知识的店铺，自己就能学到更多的咖啡知识，而且我认为，选择稍微放了一段时间的生豆要比“新豆”的生豆更容易烘焙。有一定经验的人往往会把能够提供适合自己口味的、价格合理的生豆，能够提供咖啡相关的丰富信息等因素，作为选择店铺的基准。

由于工作的关系，或者说是自己喜好的原因，我从各种途径都买过咖啡生豆。虽然我深切地感受到，咖啡生豆的销售已经发展到网络上，不过以家庭为主要对象的销售还是非常少。另外，市场上有很多咖啡生豆，无论如何烘焙，味道也不尽如人意。如果你自己在家烘焙咖啡豆，为了冲泡出喜欢的口味，除了必要的烘焙技能外，还要有挑选咖啡生豆的能力。如果能直接找到一家满足自己要求的店铺，那就再方便不过了。

烘焙

Q54

咖啡必须要经过烘焙才能饮用吗?

据说，最初咖啡生豆是不经过烘焙、直接煮完就饮用的。咖啡豆的烘焙，是从15世纪左右开始的。

在19世纪前，烘焙咖啡豆和做饭一样，是家庭主妇的职责。这种方法传播到欧洲后，许多美食研究者发表了诸多的烘焙理论。到了19世纪，烘焙逐渐变得职业化，也慢慢形成了专门进行烘焙的工厂。但是，当时烘焙机的生产能力极低，还不能进行大规模的烘焙生产。

进入20世纪后，烘焙工业才发展起来。为了提高生产效率，不仅需要提高一次的烘焙量，还要缩短单次的烘焙时间，因此对烘焙室（放入生豆的地方）直接加热的机型就显得效率低了，这种机型如果火力太旺容易造成烧焦或烘焙不均。为了解决这个问题，有人发明了热风式烘焙机，这种机型既能让热源远离烘焙室，也能将其产生的高温热风快速送往烘焙室，这样既解决了烧焦与烘焙不均的问题，又加快了烘焙速度。之后不久，人们又发明了一款热效率更高的烘焙机。

现在，烘焙机越来越深受大众消费者的欢迎。应消费者的需求，越来越多的店铺也会将烘焙操作展示给大家看。一方面，这样做并不费时，另一方面，看着自己选的生豆在烘焙过程中一点点地着色，消费者能获得强烈的视觉满足感。市面上，无论是供消费者参观的烘焙机，还是家用的小型烘焙机，都是热风式机型，虽然这一类的烘焙机并不能给咖啡产业带来什么变革，但它们却能让咖啡产业更贴近消费者，让人们体会到更多有关咖啡的乐趣。

烘焙

Q55

咖啡豆有哪些烘焙程度？烘焙程度不同会让味道产生怎样的变化？

随着烘焙的深入，咖啡生豆的颜色也由茶色变为黑色。用来表示咖啡豆烘焙程度的指标叫作“烘焙度”，一般用咖啡豆的颜色来区分。

我们常说的烘焙度，由浅到深的顺序依次是：轻度烘焙、肉桂烘焙、中度烘焙、中深度烘焙、城市烘焙、深城市烘焙、法式烘焙、意式烘焙。这些名称参考了美国对咖啡豆烘焙度的命名：Light、Cinnamon、Medium、Medium high、City、Full City、French/Dark、Italian/Heavy，不同之处是，美国还有如 New England（介于 Light 与 Cinnamon 之间）、Viennese 或 Continental（介于 Full City 与 French 之间）以及 Spanish（比 Italian 的烘焙度还要深）等名称。

烘焙度与咖啡风味有着紧密的联系，烘焙程度不一样，味道也不一样。无论哪种咖啡，只要烘焙度加深（深度烘焙），酸味就会变弱，苦味便会随之增强。因此烘焙度也是判断咖啡味道的一个标准。但是不同种类的咖啡豆，随着烘焙程度的增强，味道变化也不同。对卡内弗拉种咖啡豆来说，即便是轻度烘焙，酸味也不会很明显。如果是高海拔产地的阿拉比卡种，就算是深度烘焙，也会有酸味残留其中。

轻度烘焙也好，中度烘焙也罢，无非是表示烘焙程度的一个大致标准。怎样称呼烘焙好的咖啡豆，只是制作者主观的判断。一些店里城市烘焙程度的咖啡豆，可能在另一些店里就是法式烘焙，这种情况在业界很常见。

咖啡豆烘焙度的命名

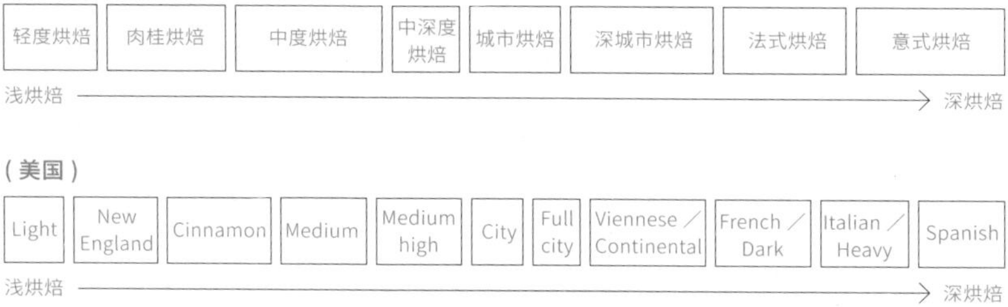

轻度烘焙	肉桂烘焙	中度烘焙	中深度烘焙	城市烘焙	深城市烘焙	法式烘焙	意式烘焙

浅烘焙 → 深烘焙

（美国）

Light	New England	Cinnamon	Medium	Medium high	City	Full city	Viennese / Continental	French / Dark	Italian / Heavy	Spanish

浅烘焙 → 深烘焙

烘焙

Q56 烘焙机是什么？

烘焙机是用来烘焙咖啡豆的专用机器。在这一节中，我将对构成它各部分的名称和用途做简单的说明。

烘焙室

放入生豆、进行烘焙的地方，有滚筒状、非滚筒状之分。滚筒状的烘焙室又分为壁上有孔和无孔两种类型。有孔和无孔的烘焙室的加热法与保温性不同，即使用同样的方法进行加热，咖啡豆的升温方式不同，最后形成的咖啡风味也不一样。非滚筒状烘焙室的形状种类繁多，无论哪种，都可以将咖啡豆搅拌均匀并在短时间内完成烘焙。

制气阀

由于烘焙咖啡豆时会产生大量的烟，所以需要将这些烟排出，调整烟的排出量的阀门就叫作制气阀。制气阀不仅用于烟雾的排放，也用于调整烘焙室内热量的多少。通过调整热源的火力，可以改变温度上升的方式，但却不能将温度降下来，而制气阀则可以将温度降下来。保持稳定的烘焙水平的关键，就是让咖啡豆的升温方式稳定，制气阀则起到了辅助调节温度的作用。

冷却机

当烘焙程序进入尾声时，由于发热反应，咖啡豆自身会“噼里啪啦”地跳动，此时如果不尽快制止，那么烘焙程度就会比预先设定的深。冷却机就是用来制止烘焙豆的发热反应，防止豆子温度继续上升的装置。用风机将热度吸出，再吹入冷风，就可以使咖啡豆降温。单次烘焙量达到一百公斤以上的大型烘焙机，冷却速度较慢，为了尽快降温，可以用喷入水雾的方法冷却。

温度计

主要目的是用于测量烘焙过程中咖啡豆的温度。但是，实际测量的并不是咖啡豆的温度，而是烘焙室内的温度。人们可以通过这个测量结果，来推测咖啡豆的温度。

压力计

用燃气进行加热的烘焙机的附属部件，用于调整火力大小。燃气压力越高，火力越强。

取样勺

用于确认烘焙状态的细长铲状部件。平时一般插入烘焙室中，拔出后可以取出一些烘焙豆样品。

补燃器

将烘焙过程中产生的烟进一步燃烧并使其消失的装置。烘焙的时候如果排出大量烟雾，会对环境造成影响，此时就必须安装这个装置。

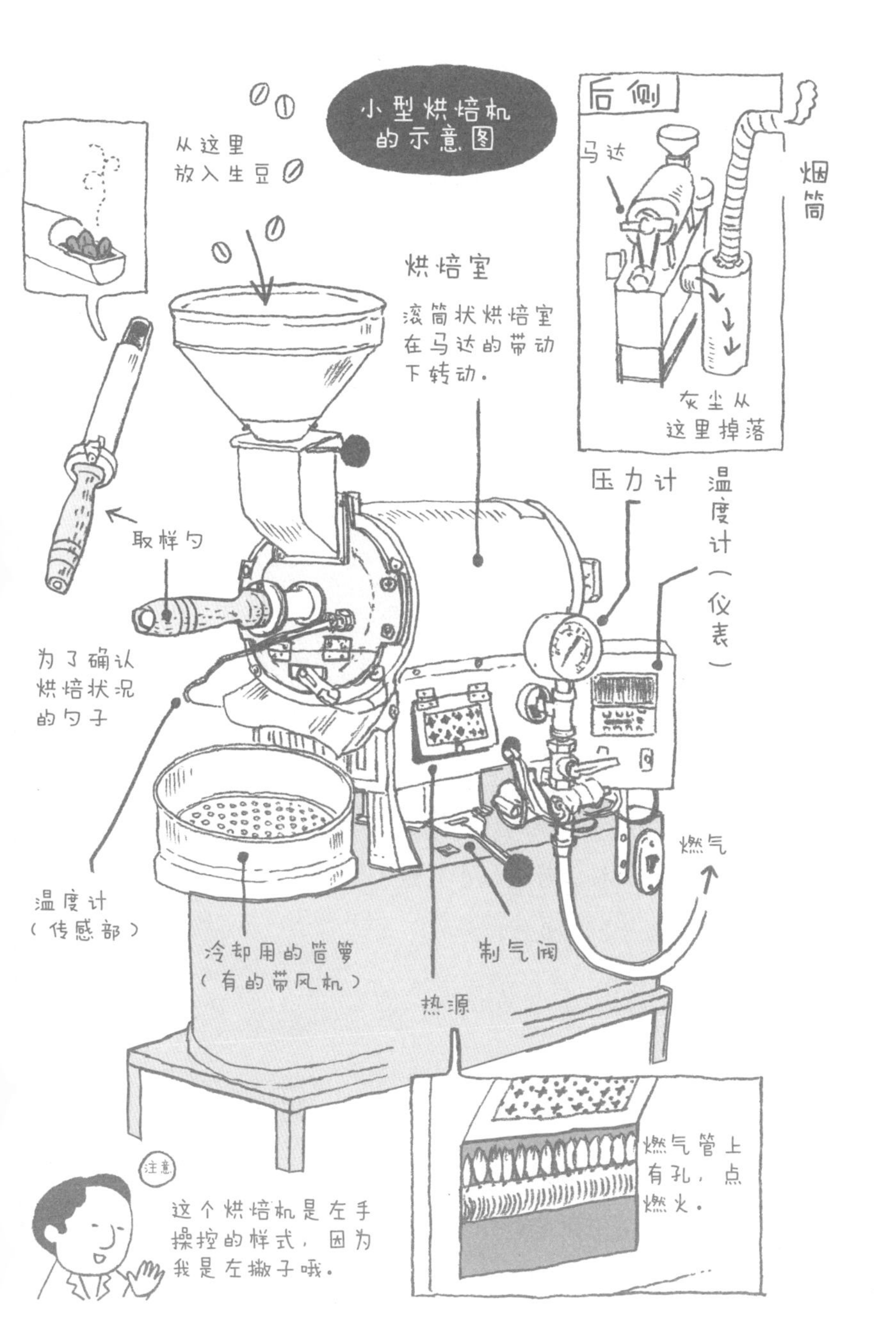
小型烘焙机的示意图
从这里放入生豆
后侧
马达
烟筒
灰尘从这里掉落
烘焙室
滚筒状烘焙室在马达的带动下转动。
取样勺
为了确认烘焙状况的勺子
压力计
温度计（仪表）
温度计（传感部）
冷却用的笸箩（有的带风机）
制气阀
燃气
热源
燃气管上有孔，点燃火。
注意
这个烘焙机是左手操控的样式，因为我是左撇子哦。

烘焙

Q57

烘焙机有几种类型？各自的构造是什么样的？

现在使用的烘焙机，构造上一般分为3种——直火式、半热风式和热风式。

直火式

滚筒状的烘焙室中，有一种类型的筒壁上有多个直径几毫米的孔（孔的面积占烘焙室筒壁表面积的1/3），烘焙室的下方有热源。如果将炭或陶瓷作为热源，筒壁会把一部分的红外线反射出去，红外线能够透过小孔进入烘焙室，将热量传给咖啡豆。这种导热方式就叫辐射。

半热风式

这种滚筒状烘焙室的筒壁没有小孔，热源在滚筒的下方，此时先要将烘焙室加热，再将热量传递给里面的空气，以此来烘焙咖啡豆。由于热量是分阶段传递给咖啡豆的，所以改变火力后，豆子的温度变化比直火式或热风式要慢。

热风式

这是不直接对烘焙室进行加热的类型。热源离烘焙室有一段距离，机器会将加热好的热风吸入烘焙室内。它的特点是即使火力很强，咖啡豆也不会被烤焦。

只要提高热风的温度和风速，就很容易将热量传递出去。所以热风式烘焙机比直火式和半热风式的烘焙速度都要快，最快的两三分钟就能完成烘焙。

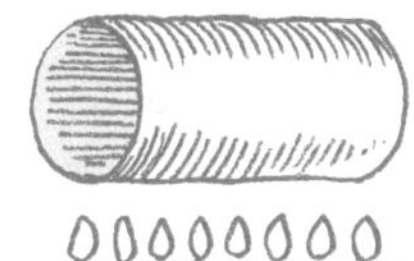

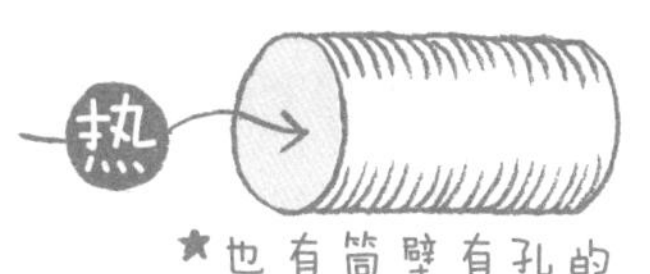

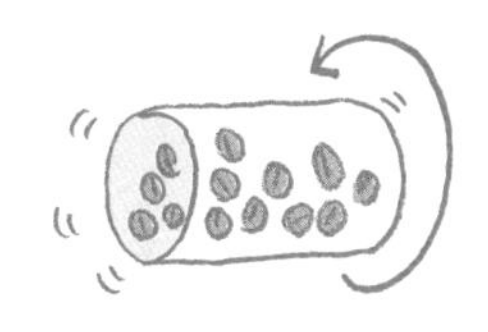

烘焙

Q58

咖啡生豆在烘焙机中是如何加热的？

将咖啡生豆放入烘焙室之前，要对烘焙室进行预热，加热10分钟后，才能放入咖啡生豆。如果是连续烘焙，只需要预热一次，此后由于烘焙室已经变热，就不需要再次预热了。

将常温的咖啡豆放入后，烘焙室里的温度会骤然下降，数分钟内，温度计显示的温度变化会比较迟缓。这是因为生豆预热后，释放出了大量的水蒸气。

然后，随着咖啡豆中水分的消失，温度开始上升。对于烘焙操作来说，此后便进入了非常重要的阶段。由于生豆表面的水分很容易出来，所以表面的温度升高较快，但是生豆里面的水分要先移动到表层，才能蒸发出来，这个过程就比较耗时。在生豆里面的水分没有完全蒸发出来之前，如果干燥的生豆表面温度升高过快，那咖啡豆表面和中心的烘焙进度就会产生差别。不过，只要差别不是特别明显，随着烘焙的进行，咖啡豆的表面、中心乃至烘焙室的温度都会逐渐趋于一致。

不久，温度的上升状态就稳定了。随着温度的上升，咖啡豆中的成分开始发生化学变化，一旦咖啡豆表面开始着色，就会有香味飘出，豆子也会一点点地膨胀起来。这些变化都需要足够的热度，为了让变化能够顺利进行，就必须持续加热。

当咖啡豆开始“噼里啪啦”地跳动时，烘焙室温度上升的速度也会加快。到了这个时候，咖啡豆自身也开始发热了。伴随着温度上升速度的加快，咖啡豆着色速度也变快了。如果着色速度太快，就很难达到预先设定的烘焙颜色，咖啡豆的着色程度也会不一致，一般从这个时间点开始，会将火力减弱。

当咖啡豆达到了预先设定的颜色后，就可以把它从烘焙室中取出，让其迅速冷却。如果在冷却过程中，咖啡豆自身的温度较高，着色就会继续进行，所以将咖啡豆从烘焙机中取出后，要尽快做降温处理。

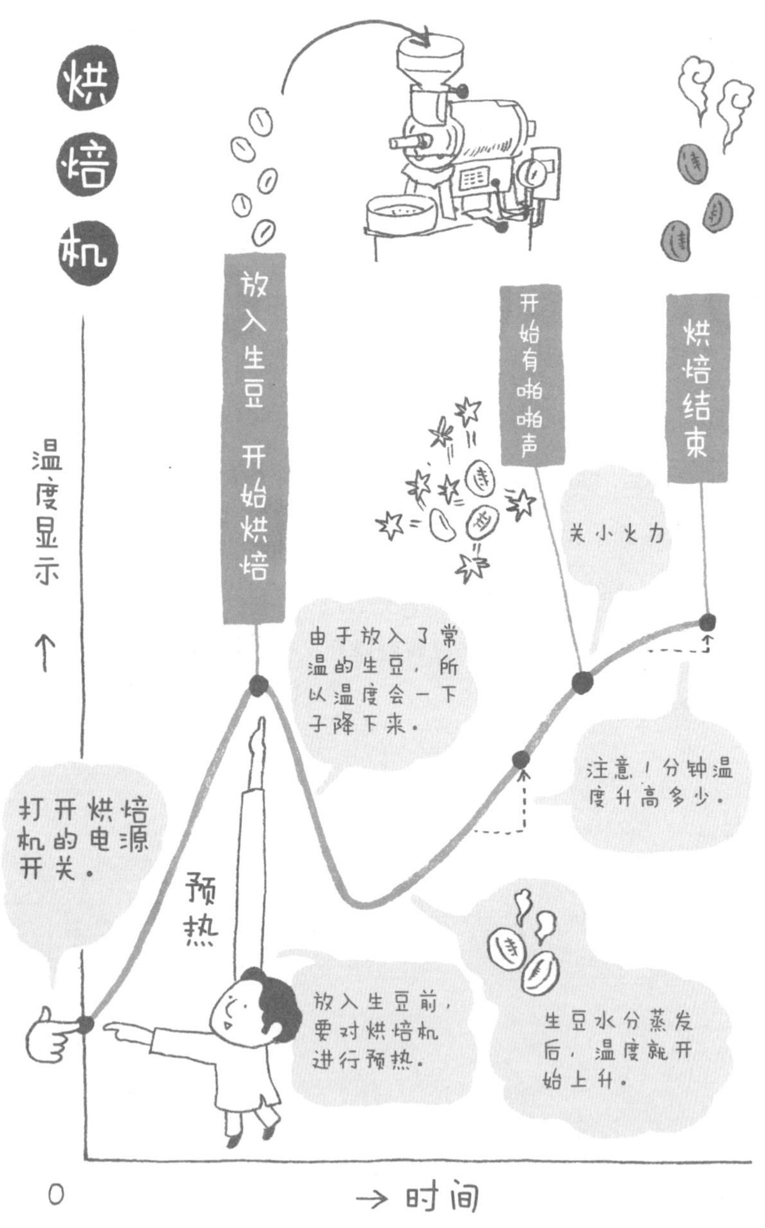
烘焙机
放入生豆 开始烘焙
开始有啪啪声
烘焙结束
温度显示
关小火力
由于放入了常温的生豆，所以温度会一下子降下来。
注意1分钟温度升高多少。
打开烘焙机的电源开关。
预热
放入生豆前，要对烘焙机进行预热。
生豆水分蒸发后，温度就开始上升。
0
→时间

烘焙

Q59

烘焙中的咖啡豆会有哪些变化？“一爆”“二爆”指的是什么？

咖啡中有代表性的颜色、苦味、酸味和香味，都源自烘焙过程中发生的化学反应。随着烘焙的发生而大量减少的成分有糖类、氨基酸、绿原酸类等。氨基酸是颜色、苦味和香味的根源，糖类和绿原酸类是颜色、苦味、酸味和香味的根源。

随着烘焙的进行，豆子的温度开始升高。咖啡豆中的成分就开始发生各种化学变化，也一点点地形成了咖啡豆的颜色、苦味、酸味和香味。此时，豆子中逐渐产生水蒸气和二氧化碳，这些气体使咖啡豆内部的压力增强，咖啡豆就会膨胀。由于咖啡豆无法承受逐渐增加的压力，伴随着“噼噼啪啪”的声响，咖啡豆的细胞被破坏，这就是所谓的“一爆”。迎来一爆之后，产生的某些成分又开始一边发热一边分解。这个过程中也会有气体产生，使豆子继续膨胀。伴随着咖啡豆的膨胀，细胞再一次被破坏，紧接着又会发出噼啪声。这就是所谓的“二爆”“三爆”。将咖啡豆从烘焙机中取出并强制冷却之后，这种变化才会停止。

咖啡豆一旦膨胀，就不会再缩回去。对同样品种的咖啡生豆进行烘焙时，咖啡豆的大小会决定深度烘焙与轻度烘焙的方式，轻度烘焙的咖啡豆个头要小些。

烘焙

Q60

烘焙咖啡豆时有哪些需要注意的要点？

咖啡的风味很大程度是由生豆自身的特质决定的。我认为，味道的八成左右基本上在烘焙前已经决定了，而烘焙只是将咖啡豆的特质显现出来而已。用什么样的烘焙方法，决定了咖啡豆的特质能显现出来多少。

咖啡生豆经过烘焙后，各种成分发生了化学反应，于是便形成了咖啡的风味。也就是说，发生哪种化学反应，发生到什么程度，到什么程度制止继续反应——这些就是烘焙的要点。

生豆中各种成分的化学反应，会受到温度和时间的双重影响。随着时间的变化，咖啡豆的温度如何上升，上升到多少摄氏度（也就是着色到什么程度）——这两点基本上决定了咖啡的风味。虽然大家都觉得烘焙有一定的难度，但其实烘焙的理论是非常简单的。

在烘焙过程中需要特别注意的是“咖啡豆在1分钟内具体的温度变化”。需要注意烘焙中期温度的上升方式，也就是咖啡豆的水分蒸发、温度稳步上升的阶段。还有烘焙后期的温度上升方式，也就是咖啡豆开始噼啪作响的阶段。烘焙时如果试着改变这两个阶段的温度上升方式，也就容易发现温度对咖啡风味产生的影响（如果将每分钟升高的温度提高一倍，观察起来就更明显）。其次，要注意烘焙初期温度的下降方式。如果把生豆放入烘焙机内，将其温度由原来的10℃调整到20℃，就能轻易观察到温度对咖啡风味产生的影响。

烘焙就是“咖啡豆的温度1分钟变化多少摄氏度”的一个连续反应。这种连续反应，需要通过记录每分钟温度的变化来进行掌控（机器上显示出的温度不是咖啡豆的温度，而是烘焙室的温度，通过这个数值可以推测出咖啡豆的温度）。我们把这些数字通过图表来记录，用横轴表示时间，纵轴表示温度，得出的曲线图就被称为“咖啡烘焙曲线”。市面上销售的烘焙机中，有自动记录咖啡烘焙曲线的机型，不过即使你一直盯着咖啡烘焙曲线，也没什么意义，要想提高烘焙水平，必须要将每分钟的温度变化从整体曲线中截取下来，然后逐一分析才行。

烘焙

Q61

烘焙机的热源有哪些种类？各自的特点是什么？

烘焙机的热源有天然气、电力、炭火、高温水蒸气、煤油等石油类燃料等。这一节我将对炭火（参照 Q62）以外的热源特点进行简单说明。

天然气

天然气是单次烘焙量在数十公斤以上的烘焙机普遍选用的燃料。由于石油系燃料会对环境造成危害，因此大型烘焙机的燃料选择正逐渐向天然气靠拢。

天然气燃料有洁净、成本低、使用简单等特点。由于火力和流量能够同时调整，所以操作简便。如果再安装上压力计，就能达到高精度的控制。

电力

电力与天然气的共同特点是容易控制。但是在产生相同热量的情况下，电力的成本是燃气的两倍，所以很难应用在大型烘焙机上。目前，这种热源主要用于家庭或商务的小型烘焙机(单次烘焙量 1 公斤左右)。

高温水蒸气

高温水蒸气就是温度在 100℃以上的水蒸气，利用这个原理制作的家用烤箱已经很流行，现在也渐渐开始被广泛使用。我曾经多次对这种烘焙机进行数据采集，遗憾的是并没有发现明显的优势。不过，高温水蒸气原理的烘焙机干燥能力强，热传导能力也强，在接近无氧状态的非正常环境下仍然可以进行烘焙。

煤油等石油类燃料

石油类燃料的燃烧成本最低，是工业用大型烘焙机首选的燃料类型。由于在燃烧过程中会产生氮化合物、硫黄化合物等，所以对环境危害较大。

烘焙

Q62

炭火烘焙的方法与特点是什么?

用炭火来烘焙咖啡豆的方法，在日本比较流行，日本人对炭火有着特殊的好感，这种方法在日本有着根深蒂固的人气。

炭火作为热源的优势是可以产生红外线。红外线可以直接作用在构成咖啡风味的成分上，传导热量。炭的干燥能力很强，近红外线又有着较强的渗透力，可以直达咖啡豆的内部。虽然这是一种很有趣的热源，但也容易让大家产生误解。比如，虽然炭火的温度可以到达咖啡豆的内部，但如果使用的不是直火式（烘焙室有孔）烘焙机，基本上红外线也没什么作用。

炭火烘焙也存在一些问题。

第一，炭火烘焙比天然气和电力的成本都高。想要稳定加热，就必须选用质量好的炭，而优质炭的价格一般都很高。

第二，火力调节比较困难。虽然可以通过增减炭量来调节火力，但是减少多少度下降多少度，在哪个时间点会下降，这些因素都不太容易准确判断。在烘焙中，烘焙师往往需要片刻不离，一直观察整个烘焙状况。

第三，烘焙时会释放一氧化碳。为了防止一氧化碳中毒，确保人身安全，我建议还是花钱买一个随身监测仪器比较好。

另外，如果产品标明是“炭火烘焙”，就表示炭是烘焙时的唯一热源。除了炭之外，如果还使用了天然气、电力、石油类燃料等其他热源，就不能被称为“炭火烘焙”。

烘焙

Q63

如何选择烘焙机?

在选择烘焙机的时候,首先你要知道,你到底想做出什么口味的咖啡豆。所以,你要把升温方式作为选择烘焙机的前提。

即使升温方式完全相同,在使用不同的烘焙机进行加工时,也会出现咖啡豆口味不一样的现象,产生这种现象的原因与烘焙机的材质、构造与热源有关。如果是保温性能低的烘焙机,在烘焙后期就很难控制火力;如果是排气性能不好的烘焙机,就会产生很多烟雾,给深度烘焙带来难度。

有人会说,直火式烘焙机更容易烘焙出咖啡豆的特色。在选择直火式(烘焙室有孔)烘焙机或者半热风式(烘焙室无孔)烘焙机时,要考虑两种不同机型的特点。用同样的方法调节两种烘焙机的火力,传递给咖啡豆的热量是不一样的,烘焙出来的咖啡豆风味也不同,如果把原因简单地归结为滚筒形状不一样,那就太武断了。将烘焙室中每分钟温度的上升状态进行统计,我们就会发现,烘焙室的构造与味道基本没有关系。简单地说，半热风式烘焙机不容易在短时间内迅速提升温度，而直火式烘焙机基本上不受温度和湿度的影响。到底选择哪种烘焙机，那就要看你重视烘焙机的哪种特质了。

无论怎样，我建议大家在购买烘焙机之前，要尽可能地向用过的人请教，或者要求厂家现场烘焙看看。

当下很流行自己改造烘焙机，我个人觉得还是谨慎为好。在没有充分理解烘焙机原理之前，不要轻易改变它的结构，说不定改造后，既没达到你预想的效果，反而放大了它的弱项。

烘焙

Q64 如何让烘焙水平保持稳定？

即使在同一个产地，咖啡生豆的批次（加工单位）不同，构成烘焙颜色的成分比例也可能不一样，着色方式也会有所不同。因此，为了保持稳定的烘焙水平，要尽可能使用同一批次的生豆，在更换新批次时，还需要确认一下它的着色方式。不过，同一批次的咖啡生豆，也会出现品质差异较大或放置时间较长而使品质产生变化的现象。

要想保证同一批次生豆的烘焙水平稳定，首先要保证烘焙方法的一致。不仅生豆的投入量要固定，也要注意不能随意调节火力或制气阀。另外，你可以将一次的烘焙量分成多次进行。第一批可以烘焙得深一些，第二批要烘焙得浅一些，再将两次制得的咖啡豆进行混合与调制，这样烘焙程度的不均匀就相互冲抵掉了。

烘焙时，要时刻记录咖啡豆的升温方式，以及对“往常”状态的把控。如果和往常“爆豆声”出现时的温度不同，就要根据这个差异进行调节。例如，如果比往常“爆豆声”出现时的温度高 2℃，那么停止烘焙时的温度也要比平时高 2℃。如果比往常的烘焙时间长（短），就要将烘焙的温度调低（高）。只有掌握“往常”的烘焙状况，才能进行微调整，保证高精度的烘焙质量。如果温度变化明显，可以将火力调弱或打开制气阀；如果温度变化迟缓，可以增强火力或关上制气阀。

那么，如何检验烘焙的程度呢？如果你对质量要求很严格，就要事先设定好烘焙后咖啡豆的颜色规格，为了检验是否满足规格，可以用色差计，测量颜色、鲜度、亮度等指标。日本目前只把咖啡豆的亮度作为烘焙度的指标，亮度就是明亮程度（Lightness value，单位是 L），咖啡业界将这个数值称为“L 值”。L 值是通过给样品（咖啡粉末）打光、计算反射程度得到的。

如果你没有专业的测量仪器，也可以练习目测。目测的时候，用极细研磨的标准样品来比较，更方便辨别亮度。

你也可以用咖啡豆烘焙前后的重量差作为烘焙程度的标准。如果比平时的重量减少得多，那有可能是因为烘焙的程度深。

另外，还可以制成咖啡实际品尝一下，这是鉴别烘焙程度的最后一招。

烘焙

Q65

产地不同，咖啡豆在烘焙时的着色方法也不同吗?

形成咖啡豆颜色的主要成分是低聚糖类、氨基酸、绿原酸类，由于咖啡豆的品种、产地不同，咖啡豆中所含的成分也有所差异。另外，海拔、土壤、栽培条件、精选方法和收获后放置时间的不同，也会影响这些成分的比例。如果比例有差别，烘焙时的着色方法就会不一样。

不同产地的咖啡生豆，自身传导热量的方式也有差异。造成这种影响的因素是生豆的水分含量和生豆的大小等。水分含量会影响生豆的升温方式，生豆的大小不同，吸收的热量也不一样。如果咖啡豆较小，烘焙时温度就会上升得较快，人们一般认为这种现象代表着热传导性好。但我不认为这绝对正确，为什么呢?因为如果生豆体积比较小，表面积就会小，反而不容易吸收热量。如果用同样的温度进行加热，由于咖啡豆吸收的热量减少了，烘焙室中温度上升的速度当然会变快。

下面我将说明一下，不同种类与产地的咖啡豆，用相同的火力烘焙时着色的差异。

首先，让我们比较一下阿拉比卡种与卡内弗拉种。低聚糖类含量低的卡内弗拉种的着色能力比较差，如果想将其烘焙到同样的L值水平，烘焙结束时的温度要比阿拉比卡种的高近10℃。

其次，让我们比较一下不同的阿拉比卡种。如果以阿拉比卡种中的哥伦比亚咖啡豆为基准进行比较，肯尼亚咖啡豆和坦桑尼亚咖啡豆的着色方式差不多，都会稍快一些。巴西咖啡豆与埃塞俄比亚咖啡豆虽然中途慢一些，但是从“二爆”开始，着色速度就会突然变快。中美洲（危地马拉、哥斯达黎加）的咖啡豆大多比哥伦比亚咖啡豆的着色速度慢。

如果你有幸能看见高水平的烘焙操作，就要用心体会，仔细地做好记录和统计，这样就能发现许多着色技巧了。想要解决烘焙的烦恼，首先要弄清楚着色的问题。事实上，即便着色相同，烘焙豆的酸味、苦味和香味往往也不一样。如果再改变烘焙时的升温方式，那么变化就更明显了。烘焙是非常复杂的工程，如果你想成为专业人士，就一定要用心学习。

烘焙

Q66

为什么烘焙过的咖啡豆表面会有油脂？

咖啡豆表面油亮亮的物质是豆子中的脂肪。阿拉比卡种咖啡豆的脂肪含量是卡内弗拉种的两倍多，在烘焙程度相同的情况下，阿拉比卡种的咖啡豆比较容易出油。之所以说烘焙程度相同，是因为出油的多少也受烘焙程度的影响。

烘焙时产生的二氧化碳，能让咖啡豆中的脂肪渗出，透到豆子表面。随着烘焙程度的加深，会产生更多的二氧化碳。不仅在深度烘焙的过程中会有油脂渗出，烘焙后放置一段时间，也会有油脂渗出来，这是由于残存在咖啡豆中的二氧化碳还在释放的原因。

二氧化碳会在烘焙结束后一个月左右的时间里，陆续从咖啡豆中释放出来，在烘焙结束后的最初几天释放量最大。而油脂在烘焙好的最初几天，也能基本完全渗出。

有些人喜欢表层油脂多的咖啡豆，也有一部分人不喜欢。

如果是相同的咖啡生豆，烘焙到相同的程度，可不可以通过一定的烘焙法控制油脂的渗出量呢？应该说，在一定程度上可以控制。如果用急火烘焙，容易产生大量的二氧化碳，也容易产生比较激烈的爆豆声，这样油脂就容易渗出来。相反，如果用较低的温度慢慢烘焙，二氧化碳产生的量与爆豆声都相对缓和，油脂就不太容易渗出。通过观察油脂渗透的状况，也可以推测出烘焙方法。不过，放置一段时间后，二氧化碳渐渐释放完了，这时就很难推断当初用的是什么烘焙方法了。

油脂从咖啡豆的表层渗出来，会不会导致咖啡豆过早地劣化呢？不用担心，咖啡豆中的油脂在很长一段时间内是不会发生变化的。因为首先，咖啡豆被二氧化碳的屏障包围住了；其次，咖啡豆中还含有大量的抗氧化成分。有不少人认为，咖啡豆的劣化就是氧化，而实际上，油脂的氧化与豆子的劣化并没有什么关系。

烘焙

Q67

为什么烘焙过的咖啡豆表面会有褶皱？

仔细观察烘焙豆的表面，会发现有的豆子表面的纹路是完全舒展开的，而有的豆子不是。这种差异是怎么造成的呢？

原因之一在于咖啡生豆本身。填充密度大的豆子，比较容易留下纹路。如果说“填充密度大”这个词比较难理解，那我把它换成“用手拿起来，感觉沉甸甸”的说法，就容易理解了吧。产自肯尼亚和危地马拉的咖啡豆是填充密度大的代表性咖啡豆；产自巴西、古巴和牙买加等加勒比海各国的咖啡豆是填充密度小的代表性咖啡豆。不过，即使是同一个产地的咖啡豆，填充密度也可能会不同。产地海拔较高的咖啡豆，填充密度较大，纹路的舒展度不是很好，容易有褶皱。

咖啡豆表层的纹路还和烘焙方法有关。烘焙的时候会有水蒸气和二氧化碳从豆子中释放出来，所以表层纹路会舒展开。特别是火力强或深度烘焙时，会有大量的二氧化碳释放出来，这样咖啡豆纹路的舒展度就会非常好。反之，如果烘焙度比较浅或是用小火长时间烘焙时，咖啡豆的纹路就会比较清晰。用同样的生豆烘焙出来的咖啡豆，纹路舒展度不一样，这是因为烘焙时的升温方式或烘焙程度不一样，口味自然也不一样。我们不能说表面纹路多是烘焙技能不好或咖啡豆不好造成的，如果仅仅因为咖啡豆表面有纹路，就对它进行深度烘焙，那实在是没有必要了。

过去人们曾一度为了追求让轻度烘焙的咖啡豆表面的纹路舒展开，而对咖啡豆进行二次烘焙。他们会先将咖啡豆轻度烘焙到爆豆声之前的状态，然后迅速冷却，进行第二次烘焙，这样一来，咖啡豆的纹路就舒展开了。但是这种二次烘焙的咖啡豆，酸味比较弱，口感也比较清淡。

烘焙

Q68

自己如何在家烘焙咖啡豆？

到目前为止，我已经介绍了很多烘焙的复杂知识，一定让很多非专业人士望而却步了。烘焙确实是一门复杂的技术，但如果你真的对咖啡抱有浓厚的兴趣，我强烈建议你自己尝试烘焙咖啡豆。只要知道如何选择咖啡生豆，就能简单地制作出便宜又美味的咖啡。当然，每次都将咖啡冲泡得好喝是很难的，因为有时难免会失败。不过这都不重要，因为亲手制作咖啡的满足感，也是构成咖啡美味的要素。接触各种各样的生豆，经过自己的双手将其加工成咖啡，可以让我们感受到更多咖啡的魅力。

即使没有烘焙机，也可以进行烘焙。在我还是一个业余爱好者时，我曾尝试用各种器具进行烘焙，包括手持烤网、日式陶罐、平底煎锅、雪平锅、砂锅、电烤箱、爆米花机、微波炉等。虽然说这些器具的火力可能不均匀，不过在一边不停搅拌、一边加热的状态下，除了微波炉之外，其他几种器具烘焙出来的咖啡豆味道还是不错的。不过，无论用哪种器具烘焙，都需要将烤煳了的咖啡豆挑出来哦。其中效果最好的是直接用油炸，将咖啡豆放入200℃的油里，加热几分钟就可以（有“爆豆声”时，会有油溅出）。这种方式制作出的咖啡豆如果用滤纸滴漏式冲泡，通常滤纸可以将油拦截住，所以冲泡出的咖啡不会油乎乎的。

我也使用过很多种市面上销售的家用电力烘焙机，我觉得，家用烘焙机的性能真是越来越好了。有了网络购物后，我也能轻松地从海外购入好的家用机。虽然海外的烘焙机品种非常多，价格也相对便宜，不过买的时候一定要计算好关税和运费，也要留意产品的电压。如果电压不合适，很可能会出现供热不足，从而影响烘焙的效果。如果没有合适的变压器，还是买本土的烘焙机更划算哦。

最后，我这里还有一个屡试不爽的好方法。如果感觉手头的咖啡豆或咖啡粉味道不是太好，可以用平底锅将其稍微煎一下，就会发现味道变好了。请大家有机会务必试一下哦。

哈哈，用日式陶
罐挑战一下！
当我还是业
余爱好者的
时候……
手持烤网
微波炉
失败
砂锅的效果
怎么样呢？

混合

Q69

为什么有人会把不同种类的咖啡豆混合到一起？

咖啡豆的风味会因产地、烘焙程度的不同而发生变化。我们可以逐个品尝，也可以把几种不同味道的咖啡豆进行混合，品尝混合后的味道。将不同味道的咖啡豆进行混合时，专业人士与业余爱好者的目的往往是不一样的。

专业人士混合的目的

对于专业人士来说，有些人将咖啡豆混合，是为了突出某种烘焙的口感；还有一些人是为了制作出单一咖啡豆无法体现的味觉效果，当然也有人是为了追求合适的成本。无论是出于什么目的，混合都非常考验专业水平。

专业人士在混合咖啡豆时，要考虑到混合原理、顾客需求等诸多要素。

给大家举个例子，如果要追求咖啡风味稳定，那就要考虑到以下几点：收获期不稳定的产地的咖啡豆的配比率；是否将全年收获量都稳定的哥伦比亚咖啡豆设为基准；放置一段时间后味道有变化的咖啡豆以什么比例混合；是否需要通过低温运送、恒温保管来保证品质。

如果是大超市或批发店，混合咖啡豆时会选择价格相对便宜的原料，以达到成本的最小化。

在面对面销售时，混合时就要考虑咖啡豆的外观。比如，人们会选择颗粒大、色差小、烘焙程度相近的咖啡豆进行混合。

总之，专业人士在对咖啡豆进行混合时，需要掌握有关生豆（产地规格、品质、价格、入港时间——参照下方图表）、烘焙豆（味道特点）、市场等相关的知识才行。此外，研磨、包

●生豆（新豆）的入港时间

生豆的出口国、产地名称	日本的入港时间
巴西	10月～次年6月
哥伦比亚	全年
秘鲁	7~12月
中美洲	1~7月
埃塞俄比亚	1~7月
坦桑尼亚	2~8月
曼特宁（印度尼西亚）	1~5月

装、保存的知识以及食品卫生法、计量法等一系列的法律条文，也都是专业人士必须掌握的知识。

业余人士的混合目的

业余人士混合咖啡豆大多是为了制作出更加美味的咖啡。如果有很多不同种类的烘焙豆，将其自由组合，就能制作出自己喜欢的味道。将两种不同风味的咖啡豆进行混合，制作出充满立体感的口味，这也是单一品种的咖啡豆无法具备的魅力。

混合

Q70

“烘焙前混合”与“烘焙后混合”有什么区别？

工作的缘故，我至今为止制作、鉴定过数百种混合口味的咖啡制品。混合的配比方法大致有两种：一种是确定了基调味道的咖啡豆之后，再用其他咖啡豆来补充基调的不足；还有一种是并不强调任何一种咖啡豆的口味，而是体现它们之间相互搭配的感觉。

将咖啡生豆进行混合的方法，称为“烘焙前混合”。将烘焙豆进行混合的方法，称为“烘焙后混合”。

如果是“烘焙前混合”，只要确定好咖啡生豆的混合比例，就可以放入烘焙机一起加工，比“烘焙后混合”要更加简单方便。这种方法的优势是操作简单，但由于不能针对不同种类咖啡豆的特点分别进行烘焙，所以这种方法自由度较低。

如果是“烘焙后混合”，就要对咖啡生豆分别称量、烘焙。等烘焙结束，再做一次称量，才能进行咖啡豆的混合。这种混合方式的缺点是操作复杂，需要的设备多。但是，由于是将不同种类的咖啡豆分别进行烘焙，这样能很好地掌控每种咖啡豆的烘焙程度和风味，可以混合出很多种味道组合，这种方法的魅力是自由度较高。

这就是两种混合方式各自的优缺点，大家可以根据自己的喜好灵活选择。

混合

Q71

“烘焙后混合”的咖啡比“烘焙前混合”的咖啡味道更浓郁吗?

可能是为了强调“烘焙后混合”特别耗时，所以人们才常说，这种混合方法比“烘焙前混合”要好。

确实，有些组合只有通过“烘焙后混合”的方法才能做到，比如往中度烘焙的阿拉比卡种中混入苦味较重的深度烘焙的卡内弗拉种，就只能采用“烘焙后混合”。如果希望混合的咖啡豆颜色均匀，就需要尽可能地统一各种烘焙豆的颜色，此时“烘焙后混合”也非常合适。“烘焙前混合”容易让咖啡豆颜色不均，这并不是因为技术不好，而是因为不同种类咖啡生豆的成分差异比较大。

“烘焙后混合”并不适用于所有情况，如果用于混合的咖啡豆的升温方式以及烘焙结束时的温度要求都一样，那么“烘焙后混合”就会浪费时间。

什么时候适合“烘焙前混合”呢?比如，有的咖啡豆配比率很低，那么通过“烘焙后混合”就会耽误很多时间。“烘焙后混合”的方法适用于一次使用很多咖啡豆的情况。另外，在用搅拌机混合烘焙豆时，一些咖啡豆会碎掉，无形中又增加了人工挑拣碎豆、残品的工序。所以，“烘焙前混合”的效率相对要高一些。

我个人认为，如果不是必须要“烘焙后混合”，那么就尽量采用“烘焙前混合”的方式吧。只要将每种咖啡豆的升温方式、配比量调整得当，即便用“烘焙前混合”，也可以创造出很多的味道组合。

如果你做了很多次，却达不到预想中的混合效果，这时候我建议可以将“烘焙前混合”与“烘焙后混合”两种方法并用。不需要分别将所有品种的咖啡豆进行烘焙，只要它们的温度上升方式和烘焙度接近，就可以放到一起烘焙，这样操作更加简单，也可以配搭出不少的味道组合。

混合

Q72

拼配咖啡的命名规则是什么？

商品名称是消费者选择商品时重要的判断依据，为了避免产生误解，要特别注意商品的命名方式。在商品命名时，还要调查一下是否有侵权行为。

用产地命名拼配咖啡豆时，要把该产地的咖啡豆含量换算成生豆，其重量必须占到总重量的30%以上。例如，将商品命名为“肯尼亚拼配”时，肯尼亚产的生豆就必须占到总重量的30%以上，而对于液体咖啡饮品，某些国家规定要占到51%以上。不过这种命名规则并不要求肯尼亚产的咖啡豆所占的比例最大，而且也不要求烘焙后的重量占总重量的30%以上。

以“炭烧摩卡拼配”为例，如果要注明烘焙时的热源名称，那么就要求烘焙时只能使用命名中的热源，而且不能和其他

热源并用。还要求炭火烘焙的摩卡豆（埃塞俄比亚或也门出产）要占到 30% 以上（换算成生豆），混合的其他产地的咖啡豆也必须是炭火烘焙出来的。

如果用“大豆”或“蒲公英”这种跟咖啡不相关的材料来命名，那就不符合客观事实。如果用“最高级”这样的字眼，那就是命名不恰当。

●部分特定品种的名称与定义

名称	定义
蓝山咖啡	牙买加的蓝山地区出品的阿拉比卡种咖啡豆。
高山咖啡	牙买加的高山地区出品的阿拉比卡种咖啡豆。
牙买加咖啡	牙买加产的优洗豆、水洗豆，统称为牙买加咖啡豆。
古巴水晶山咖啡 (Crystal Mountain)	古巴生产的本国出口规格的阿拉比卡种咖啡豆。
危地马拉 · 安提瓜咖啡 (Antigua Guatemala)	危地马拉的安提瓜地区生产的阿拉比卡种咖啡豆。
哥伦比亚特级咖啡 (Colombia Supremo)	哥伦比亚产的特级咖啡豆。
埃塞俄比亚摩卡咖啡 (Mocha Harrar)	埃塞俄比亚的哈拉尔地区生产的阿拉比卡种咖啡豆。
也门摩卡咖啡 (Mokha Mattari)	也门产的阿拉比卡种咖啡豆。
乞力马扎罗咖啡 (Kilikmanjaro Coffee)	坦桑尼亚产的阿拉比卡种咖啡豆。但不包括布科巴地区生产的咖啡豆。
托那加咖啡 (Toraja)	印度尼西亚的苏拉威西岛的托拉雅地区出产的阿拉比卡种咖啡豆。
卡罗西咖啡 (Kalossi)	印度尼西亚的苏拉威西岛的卡罗西地区出产的阿拉比卡种咖啡豆。
迦佑山咖啡 (Gayo Mountain)	印度尼西亚的苏门答腊岛的塔肯公地区出产的阿拉比卡种咖啡豆。
曼特宁咖啡 (Mandheling)	印度尼西亚的苏门答腊岛出产的阿拉比卡种咖啡豆。
夏威夷可那咖啡 (Kona)	美国夏威夷岛可那地区出产的阿拉比卡种咖啡豆。

包装

Q73

咖啡的保质期是如何规定的？

在日本，食品的保质期有两种表示方法，消费期限和赏味期限。

消费期限用于三明治、蛋糕等5天左右就会变质，只能短期保存的生鲜食品。赏味期限主要用于饼干、奶酪、膨化食品等保存时间在5天以上的食品。咖啡制品上面标注的一般都是“赏味期限”。

日本的食品卫生法要求，产品的责任人要根据产品的卫生检查、理化检查、感官检查对产品设定相应的保质期。为了保证食品在保质期内的新鲜度，必须注明保存条件。

生产商对于保质期的设定方法也有一些疑问。比如，在规定的保质期内，是否有必要使用尽可能好的包装方法与包装材料，食品发生变化到什么样的程度不算变质等问题。

咖啡爱好者往往也有关于保质期的各种问题。首先是关于保质期的定义，保质期指的是食品开封前在指定环境下可以保存的期限。就拿咖啡来说，想要保质期长，就要将空气中的氧气与水蒸气去除，再用渗透率低的材质包装、保存。如果环境被破坏，咖啡豆的质量就会发生变化。其次，保质期的设定是由客观条件决定的，不同生产商的设定方式不一样。就像前面生产商的疑问那样，到底是采用确实能保证商品质量的高规格包装好呢，还是采用只在保质期内保证商品质量的包装好呢？我们在购买咖啡时，最终选择哪一种包装材质的咖啡，还是尝过后再决定吧。

包装

Q74

咖啡有哪些包装方法？各自的特点是什么？

无论是咖啡豆还是咖啡粉，都会被装入容器中进行销售，专业人士称这种容器的材质为“包材”。

最初，咖啡制品的包装只是简易的袋子，后来才逐渐发展成为具备保鲜功能的包装，这一类包装可以防止咖啡制品的劣化，实现长期保鲜。咖啡制品的包装样式有很多，功能也不一样，选择怎样的包装体现了销售商的包装理念。

如果消费者精心挑选的咖啡是短时间饮用的，那么包材上就不会花费过多成本。如果你需要长期保持咖啡的风味，那就需要熟知合适的咖啡包装方法与包装材料。

想要保持咖啡的风味，包装时就要去掉导致咖啡劣化的氧气和水分，还需要一直维持这种状态。空气中氧气的含量在20% 以上，包装时必须将这个比例降到 1% 以下。由于烘焙后咖啡豆的吸潮性很强，因此包装环境必须干燥。

能够将氧气和二氧化碳有效去除的包装方法有很多种，最基本的方法是“惰性气体置换法”。包装时要将氮气或二氧化碳等不易发生反应的气体充入包装，赶出氧气和水分，再将包装袋密封好。这是一种既简单、效果又好的包装方法，可以单独使用，也可以和其他包装方法配合使用。

第二种方法是使用单向排气阀。随着二氧化碳不断从咖啡豆、咖啡粉中释放出来，包装中的气压会变大，此时二氧化碳就会带着氧气与水分一起通过单向排气阀，从包装中排放出去。正如名称中“单向”的意思，气体只从内部排放到外面，而不会从外面渗透到包装里，所以包装中残存的氧气与水分的含量会不断降低，最后里面的气体就会被换成二氧化碳。不过，这种方法如果不与惰性气体置换法一起使用，只依靠咖啡中释放出的二氧化碳将氧气和水分排出的话，需要的时间就太长了，保鲜效果也就没有那么显著了。

第三种方法是真空包装法。真空包装是大家都熟悉的让食品长期保质的方法，虽然叫真空，实际上包装中的氧气和水分的浓度并没有降低，所以说该方法的保鲜效果也不是很好。如果此种方法与惰性气体置换法并用，保鲜效果就会明显提高。

第四种方法是放入除氧剂。这种方法在一定程度上可以除去包装中的氧气与水分。这种方法与前面的几种不同，它是用化学反应来消除氧气与水分的（这里所发生的化学反应与“暖宝宝”的原理一样）。

●咖啡制品的包装方法

惰性气体置换法	充入氮气和二氧化碳，将氧气与水分挤出。
使用单向气阀	二氧化碳将氧气与水分通过单向气阀一点点排出。
真空包装法	通过抽真空，在一定程度上去除包装中的气体和水分（不能完全去除）。
放入除氧剂	通过化学反应，在一定程度上去除氧气与水分，同时也会吸收一部分二氧化碳。

包装

Q75

什么材质最适合包装咖啡？

用气体阻隔性低（成分较容易透过）的材料包装的咖啡制品，即便密封得很严，咖啡的香味也会渗透出来。如果使用这样的包装材料，空气中的氧气、水蒸气和其他各种气体也会渗透进去。如果想要长期保存，就要选择气体阻隔性高的包装。即使用 Q74 中所说的包装方法，如果包装材料选择不当，就无法长期保持包装袋的内部环境，那么之前所做的一切就失去意义了。

以前的咖啡制品大多是罐装，近年来咖啡市场急速发展，出现了名为“软包装”的包装形态。与此同时产生的问题是，如何将各种性质的薄膜黏合到一起，生产出优质的包装材料。

大部分薄膜的构造是这样的：最外面为强度高的聚酯纤维（PET）或尼龙，最里面的是遇热易溶、易黏合（也就是容易热封的）的聚乙烯（PE）或聚丙烯（PP）。中间的夹层则是铝箔、聚酯镀铝膜（VMPET）、乙烯 - 乙烯醇共聚物（EVOH）等隔绝性能高的薄膜。

各层薄膜通过压合的方法粘在一起，有时会散发出胶水、黏着剂等残留物的味道，由于形状和材质不同，有时也会出现较难贴合的现象，因此在选材和加工时要特别注意。即便是相同包装材料的不同批次，也要注意。

由于聚氯乙烯等盐酸聚合物容易产生二噁英，近年来这些材质都不允许使用了。

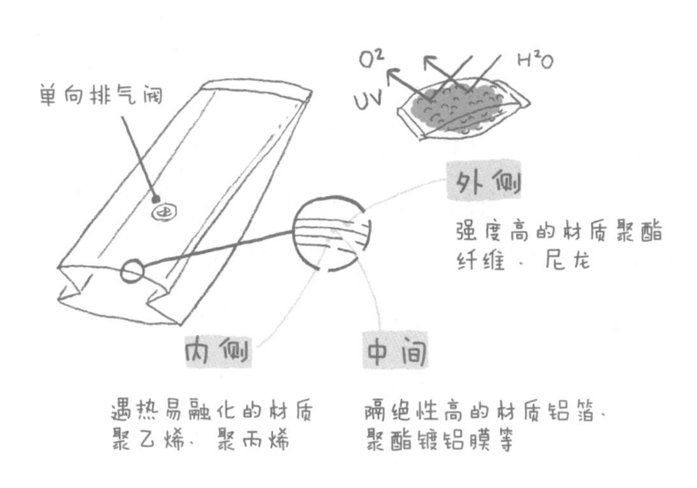

包装

Q76

将刚刚烘焙好的咖啡豆直接密封，为什么袋子会胀得鼓鼓的？

包装袋鼓鼓的，是因为二氧化碳从咖啡豆中释放出来了。近些年来，大家慢慢了解到，包装袋变鼓并不是咖啡变质导致的。烘焙过程中产生的二氧化碳，最初附着在咖啡豆的表层，之后会从表层逐渐释放出来。随着烘焙程度的加深，产生二氧化碳的量也会增加，100g 烘焙豆会产生 500ml 的二氧化碳。大量的二氧化碳有可能会将包装袋撑破，所以从安全和保质的角度考虑，有必要消减二氧化碳的量。消除二氧化碳的方法有：让咖啡豆稍稍“变陈”、使用单向排气阀的包装，以及在包装中放入脱氧剂等。

让咖啡豆变陈，就是将刚烘焙好的咖啡豆放置在一边，让它逐渐释放二氧化碳。烘焙豆的放置时间为 1~3 天，还要注意根据烘焙度和咖啡豆的状态（咖啡豆或粉末）来决定保管时的温度等因素。让咖啡豆变陈时，咖啡豆会直接与空气接触，由于刚烘焙好的咖啡豆表层有很浓的二氧化碳屏障，很难受到氧气的影响，因此不用担心会被氧化。但随着二氧化碳的释放，也会将咖啡的香味带走，这才是需要注意的问题。

如 Q74 中所说的那样，在有单向排气阀的包装中，二氧化碳会通过气阀排放出来，因此包装袋不会膨胀过度。不过，市面上销售的气阀中，有的气阀不是“单向”的，也有耐久性较差的，所以使用前最好多测试几次。

如果将除氧剂封入包装中（参照 Q74），会将氧气与二氧化碳同时去除，既解决了氧气的问题，又解决了二氧化碳的困扰。不过，除氧剂同时也会吸收咖啡的一部分香味成分，会出现香味变弱的现象。往咖啡中倒入热水时，由于气体都被吸收掉了，所以那种香味扑鼻的感觉也会变弱。这种咖啡粉遇到热水后，膨胀度会变差，容易让人产生“咖啡放得太久了”的误解。

“精品咖啡”与“优质咖啡”分别指的是什么？

如果只是普通产地的咖啡豆，就是我们平时说的“主流咖啡”或“日常咖啡”；如果是比较稀有的限定产地、种植园、品种的咖啡豆，则被称为“优质咖啡”。“精品咖啡”也是“优质咖啡”的一种。

“精品咖啡”已经形成了一个不同于“主流咖啡”的销售市场。精品咖啡往往具有广受好评的优良品质。用来评判主流咖啡好坏的重点是对异味（咖啡中不好的味道）的评估，如果咖啡中的异味非常少，标价也会高，倘若比精品咖啡还要优良，那么价格甚至会高过精品咖啡。

“精品咖啡”这个词是 1974 年由美国精品咖啡协会（SCAA）主席娥娜·克努森女士在《茶与咖啡月刊（*Tea&Coffee Trade Journal*）》杂志上首次使用的。她将在微气象学理论下产生的风味极佳的咖啡称为“精品咖啡”。虽然这种咖啡的定义有很多版本，但我还是觉得最初的意思最为贴切。如今市面上定义的“精品咖啡”，总让人感觉有什么地方不妥当。

虽然在“精品咖啡”市场中，对其味道评估的标准是中肯的，但现在“精品咖啡”这个词被滥用了，已经偏离了最初的含义，越来越向“优质咖啡”的含义靠拢。我认为精品咖啡要表达的意思，并非是特定种植园、品种的名称。我们应该将咖啡品种的稀有度、种植园名称、品种所带来的产品附加值与咖啡的风味区别对待。稀有程度、种植园名称、品种这些会让消费者产生购买欲，这是物以稀为贵的道理，但是和本身的品质并不能划绝对的等号。在毫无名气的“主流咖啡”中，也有不少比“优质咖啡”的味道还要好的品种。

关于什么是“精品咖啡”，我希望能用科学的方法来解释微气象、栽培、精选乃至烘焙对其品质产生的影响。虽然说我已经掌握了一些数据，不过还远远不够。咖啡的世界非常复杂，也正因为如此，咖啡的世界才如此有趣。

PRODUCT
OF

5

了解更多的咖啡知识

——栽培、精选、流通、品种

Q77

栽培咖啡的时候，可以使用农药吗？

种植咖啡的时候可以使用除草剂、杀虫剂、杀菌剂等农药。众所周知，农药不仅价格高，而且过度使用会对环境造成不良的影响。现在普遍提倡“无农药种植”，但我们实际的现状是，使用农药来种植咖啡仍然很常见。

在工作中，每个月我都要对五十例以上的咖啡生豆进行“残留农药检查”，大多数时候都会检查出残存的农药。不过，残存量基本都在食品卫生法的标准之下。

我认为，产品上残存的农药非常少，是因为现代农药的设计水准高，药效发挥后会迅速分解。另外，种植咖啡的农户基本也都接受了相关指导，他们使用农药的水平提高了不少。

即使这样，有时也会发现农药残存量高的生豆。不光我遇见过，在一些检查报告中也见过几起。不过，不能因为这个就把咖啡定义为危险食品。

如果检测出的农药残存量高于标准值，商家会将这种情况公布出来吗？这才是我们需要关心的。如果公布了，购买者就能正确理解基准值和风险值的概念。但是现实往往不是这样，广告总是鼓动大家购买，不会傻傻地说出产品的健康风险，否则那些对咖啡一知半解的消费者，肯定会对产品产生不安。

接触咖啡的专业人士，必须要有正确的知识。有些“专家”会说：“咖啡豆是被果肉覆盖着的，不会和农药直接接触，所以可以放心食用。”这种说法完全是错误的。杀虫剂依靠根部吸收，蓄积在脂类丰厚的地方，咖啡树上脂类丰厚的地方就是种子部分，也就是说，农药一定会蓄积在咖啡豆上。

对农药的危害反应过度，或者隐瞒农药危害、欺骗毫不知情的消费者，这些都是不好的行为。

要想成为一个真正懂咖啡的人，就要由浅入深地了解咖啡。无论对人还是对农药，都应该如此。

Q78

有机咖啡的评判标准是什么？它一定更好喝吗？

近年来，消费者对于不使用化学肥料进行培育的有机食品的需求量逐年增加。世界上有不少能对有机食品进行认定的专业机构，日本则通过 JAS 法（日本有机农业标准，有机 JAS 是日本农林水产省对食品农产品最高级别的认证）来认证，如果农产品及农产品加工品为有机产品，就会被贴上“有机 JAS”的标识。要想获得贴标的资格，必须通过审查，进行相关认证。

咖啡生豆的贴标也不例外。相关规定表明，从种植到收获为止的三年多里，不使用化肥或农药，才能经过 JAS 认证贴标。但如果在植物检疫中检测出咖啡生豆被熏蒸过，则标识无效。巴西、哥伦比亚、危地马拉、埃塞俄比亚等国都有 JAS 认证的种植园。

将标有 JAS 有机认证的生豆烘焙后，如果想标上“有机产品”来销售，就必须接受烘焙商 JAS 认证。如果将烘焙好的咖啡豆分装成小包销售，同样也要得到分装行业认证。你手中标有“有机 JAS”标识的咖啡产品，意味着从栽培到烘焙乃至分包的流程，都受到了 JAS 的认证。

有机咖啡的口感一定更好吗？经常有人这样问我。我只能这样回答：“那要看制作方法才知道啊。”咖啡是一种需要很多肥料才能生长好的植物，有的有机咖啡豆栽种时没用合适的化学肥料，产出的咖啡豆味道很单薄。当然如果不使用化学肥料而在栽种上下功夫，也能种出味道浓郁的咖啡豆。

咖啡豆品质的好坏与“栽培时使用的肥料是否恰当”有关，但仅仅看肥料和有机肥料的比例，很难判断咖啡豆的品质。

Q79

咖啡果是怎么变成咖啡豆的？

收获咖啡果后，要尽快将果肉剥掉，取出种子，然后再将种子的壳去掉。本书中将这部分工序称为“精制”。之后，按照品质差别加以区分，并将混入的异物挑出，这道工序称为“分选”。这两道工序合称为“精选”。

精选工程的第一步——精制

精选的前半部分工序是精制，这道工序主要是将生豆从咖啡果实中取出。大致有四种方法：

第一种叫“非水洗式”。这是很长以来一直沿用的方法，也被称为“干燥式”。阿拉比卡种中的巴西咖啡豆、埃塞俄比亚咖啡豆、也门咖啡豆大都采用这种精制方法。另外，几乎所有的卡内弗拉种也都会用非水洗式进行处理。非水洗式处理的生豆被称为“自然咖啡豆”或“非水洗咖啡豆”等。

第二种叫“水洗式”。据说这种方法是印度人发明的。对阿拉比卡种来说，中南美洲各国、加勒比海沿岸地区各国、非洲各国产地的咖啡豆基本都采用水洗式处理。印度、印度尼西亚的卡内弗拉种咖啡豆也基本都采用这种方法。

第三种是“半水洗式”。这是巴西人发明的新方法，用这种方法可以制出与非水洗式法不一样特性的咖啡生豆。

第四种是“苏门答腊式”。这是印度尼西亚的苏门答腊岛、苏拉威西岛自古以来就使用的方法，用这种方法处理的咖啡生豆，从外观上很容易辨别。

精选工程的第二步——分选

将咖啡生豆中的异物去除并按照尺寸区分的分选工序，共分为五个阶段：

第一阶段是人们将混入生豆的石子挑出来，利用石子和咖啡生豆的比重差异进行挑选。有些石子是工人操作时不小心混进去的，也有些是为了增加产品重量而人为掺入的。

第二阶段是利用风力进行分选。把豆子从空中倒下来，在落下的过程中施加风力，这样轻的豆子和异物就被吹走了。

第三阶段是滤网分选。滤网的尺寸各不相同，各个生产国有各自要求的尺寸规格。

第四阶段是比重分选。这是在第三阶段对生豆尺寸进行了分选后，再对高品质、比重大的咖啡生豆进行分选的工序。

第五阶段，也就是最后的程序——根据颜色进行分选。这道工序可以机器筛选，也可以人工筛选。总之，就是将颜色怪异的不合格生豆挑出来。

经过这些工序，咖啡生豆的加工就完成了。之后，人们会把生豆装上船只，直接运往海外的咖啡消费国。

Q80

谁都能够从事咖啡的生产吗？

从咖啡果到咖啡生豆的加工流程，有几种不同的方式，这是由咖啡生产国或种植园的规模来决定的。

收获量大、资金丰富的大种植园，从收获到精选结束都由自己加工。其中也有一些种植园会负责从生产加工到出口整个过程。

但是，世界上大部分的咖啡生产商，基本都是拥有几公顷栽培面积的小农户。这些小农户处理咖啡豆的方法各不相同，加工出来的咖啡豆品质和商品价值的差异非常大。

很多小农户收获咖啡果后，一般都会加工到剥壳前或分选前。也就是说，影响咖啡豆品质的工序分别由不同的小农户自行决定。由于小农户的产量小，精选工人会把很多农户的咖啡豆混在一起，作为同一个批次。这样，就容易出现知识、技能、处理设备等状况的参差不齐。有些咖啡生产国能将小农户们组织好，对他们普及知识，帮助他们加工出好品质的产品；有些国家或地域生产的生豆品质差异很大，导致商品价值很低。

有些小农户不做加工，直接销售咖啡果。精选业的人直接收购小农户的咖啡果，然后统一加工。这样做出的咖啡生豆，品质会好一些。

有的小农户会组成团队，共同劳作。小农户们共同集资购买设备，收获时互相协助、共同生产。这可以提高产品的质量，增加每户的收入。这种方法除了对产品质量有利，也使产品履历管理更加便捷，产品的可追溯性大大提高——仿佛可以让购买者看见咖啡豆，就知道是谁生产的一样。很多地区出现了这种高效率的组织化生产方式，将来说不定会越来越兴盛呢。

Q81

咖啡的价格是由什么决定的？

咖啡的价格基本由供求关系决定。阿拉比卡种是通过纽约期货市场决定基本售价的，而卡内弗拉种则是通过伦敦期货市场决定。如果预期收获量大，价格就会下滑；如果生产国的政治环境不稳定、气候因素不好而导致产量减半，价格则会上涨。另外，一些投机商的买卖、非市场供求因素造成的影响，往往也会让咖啡价格出现波动。

2000 年初，我开始正式从事咖啡相关的职业，主要负责商品开发。当时巴西、越南两地增产，市场供大于求，咖啡价格一度低迷。无论用哪种咖啡豆都很划算，所以没必要认真计较成本。那时的我，并不知道这种情况会带来什么样的后果，只是整天快乐地忙于尝试各种咖啡豆的混合搭配。

那些年咖啡豆价格低迷造成的影响，直到数年后我亲自踏上咖啡豆生产地才深刻地体会到。我访问了多个咖啡豆产地国，见到了很多荒芜废弃的咖啡种植园，还有很多无法上学的儿童。

我深刻地感受到，由国家或投机商操纵的咖啡豆价格，支撑着整个咖啡世界的小农户们的生存。

然而，遭受打击的并不仅仅是农户。价格低迷之后，接下来就是供小于求，咖啡豆的价格又会上涨。价格低迷后的 5 年，咖啡豆的价格涨了 3 倍。所以混合咖啡豆时，就需要对成本精打细算了。为了维持原有的销售价格，就不得不选用价格低的原料。最后售价能大过成本还算是好的，市面上甚至还出现了不少卖得越多亏损越多的商品。

受到打击的也不仅仅是商家。由于商家大力杀价，生豆的质量越来越差。为了维系销售价格，商家不得不选购质量更差的生豆。追求价格实惠的消费者，手中的咖啡豆质量自然也就非常差了。

Q82

咖啡生豆是如何运输的？

咖啡生豆的运输基本靠海运。一般都是由生产国或其邻国将咖啡生豆装入集装箱，输出到海外。有的生产商用与集装箱尺寸差不多大的袋子来装咖啡生豆，大多数生产商则是将生豆分装成几十公斤的小包装，再装入集装箱。用于分装咖啡生豆的容器种类很多，比较特殊的如牙买加蓝山咖啡，是用木桶分装的。印度尼西亚和也门用筐分装，大多数商家是用麻或剑麻编成的麻袋分装，它的容量有 45 公斤装（夏威夷）、60 公斤装（巴西等国）、69 公斤装（中美洲地区各国）、70 公斤装（哥伦比亚）等，产地不同，分装的重量也不同。一个集装箱差不多能装 250 袋。

现在，应家庭式烘焙市场的需求，10~15 公斤装的小包装产品越来越多了。我到访咖啡产地国时，曾经看到过身材瘦弱的搬运工们神情淡定地将一袋袋生豆搬到集装箱里的情景。这让我心生佩服，由衷地想向他们表示感谢，不过内心又感到无比的愧疚。因为他们长期从事着繁重的体力劳动，换来的却是并不对等的报酬。

集装箱有的不附加空调机，也有的会附加空调机。目前市场上主要用的是没有空调机的普通集装箱，这种环境不太利于生豆的存放。产地国将温热的空气和咖啡生豆一起封入集装箱，船要在海上漂泊一个月左右，才能到达目的地。这期间，温度和湿度会不断变化，到达目的地后，往往因为温度下降，空气中的水蒸气会凝结成水珠。

最近，越来越多的商家会选用冷藏集装箱来进行运输。集装箱的成本增加了，装入集装箱的袋数也少了。虽然这样造成了成本的增加，但由于减少了温度、湿度的变化，保鲜效果就更好了（参照 Q52）。我曾经对集装箱的温湿变化与咖啡豆质量的关系做过调查，发现如果用空调集装箱来运送价格昂贵的高品质生豆，虽然成本会增加，不过效果还是不错的。

Q83

进口的咖啡生豆中会掺杂劣质豆和异物吗？

生豆批发商、进口生豆的公司或烘焙商收到生豆样品后，都会对其进行质量检查。在样品中会发现与其他生豆外观不同的豆子（种植、收获、精选、保存、运输过程中发生的质量变化）或者石子、树脂等异物，专业人士称这种现象为“瑕疵”。“瑕疵”的种类有很多，什么情况被称为“瑕疵”，什么样的程度对质量有影响……这一类的评价标准，由各个生产国或评价机构自行决定，因此会有一定的差异。

在国际标准化组织（ISO）规定的国际标准 ISO10470 中，关于咖啡生豆的各种“瑕疵”有具体的记录，比如何种原因、在哪道工序产生、外观特征是什么、对咖啡风味有什么影响等。我将其中的主要问题摘录在下方。

黑豆：即使混入一粒，整杯咖啡的味道也会被破坏。因为与咖啡生豆的颜色差异很大，很容易挑拣出来。

发酵豆：用肉眼能够观察到，这一类豆子的表面有红色的斑点。

霉豆：表面发霉的生豆，数量较少，即使有也很容易发现。

虫蛀豆：表面有痕迹，因此很容易被发现。

未成熟豆：有一种独有的绿色，体积稍小，烘焙后更容易发现。未成熟豆与正常生豆的成分是不同的，烘焙后会成为死豆，着色非常差。

异物：包括生豆外壳的碎屑、外壳没剥干净的生豆、干燥的咖啡果肉、石头、土、木片等。

这些不仅会影响咖啡风味，更可以说是对从业者技术水平和农户管理水平的评判指标。

此外，还有从外观无法判断但实际会产生异味的霉变、氯气味道等问题。这就需要通过味觉测评来降低风险了。

黑豆
哪里跑！
合格
未成熟豆
豆子瘦小，表面颜色绿绿的，还有些泛黄的金属色。
发酵豆
哎呀！不要！
起红斑了……
谢谢招待！
我呢？
下一位！
虫蛀豆

●主要缺陷的特点·原因·影响

瑕疵名称	特点	原因	影响
黑豆 (black bean)	颜色变黑、 一般比较小	由于细菌的原因变坏、 由于未成熟豆干燥不得当造成	颜色不匀、 不和谐的味道
发酵豆 (sour bean)	起红斑	发酵过度造成	不和谐的味道
霉豆 (fungus damaged bean)	用肉眼可以辨认出生豆表面的霉菌	保管环境、 运输环境不得当造成	霉味
贝壳豆 (shell bean)	表面有花苞	发育不良	烧焦
虫食豆 (insect damaged bean)	虫子咬过的痕迹	栽种或是保管中被虫子咬了	颜色不匀或是不和谐的味道 (栽种的虫食豆)
未熟豆 (immature bean)	表面有褶皱、 黏着性银皮、 金属质感的绿色	未成熟	颜色不匀、味道不足
轻豆 (floater bean)	浮在水面	保管、干燥不得当	不和谐的味道
褶皱豆 (withered bean)	表面有很深的纹路	发育不良	不和谐的味道

Q84 阿拉比卡种包含哪些品种？

阿拉比卡种以马提尼克岛上的铁皮卡咖啡豆、留尼汪岛上的波旁咖啡豆为起源，形成了现今众多的品种。

在运往留尼汪岛的咖啡树中，有一些树种发生了偶然的基因变异，产生了波旁咖啡豆。虽然该品种得到了承认，但之后又发生了类似的基因突变，产生了一些新的品种。代表性的品种是卡杜拉，它是波旁咖啡豆突变的品种，具有成熟早、结果多的特点，在中南美洲栽种得比较多。另外，阿拉比卡种中果实最大的玛拉果吉佩，也是基因突变产生的品种。

不同品种杂交，也能够产生新的品种。巴西栽种的蒙多诺沃就是苏门答腊种（铁皮卡的亚种）和波旁种自然杂交产生的品种。蒙多诺沃与卡杜拉组合产生的卡杜阿伊是人工杂交的品种。对咖啡树种进行人工杂交时，在花开之前，为了让花粉不沾到雌蕊上，要事先进行“除雄”，即将雄蕊摘除。哥伦比亚、伊卡图、鲁依鲁 11 等混合品种（参照 Q86）都是人工杂交的品种。

从2006年起广受人们重视的瑰夏咖啡豆，原本在埃塞俄比亚的瑰夏地区默默生长，直到20世纪60年代才向其他地区输出，它是和铁皮卡一样古老的品种，其中最有名的要数巴拿马产的瑰夏咖啡了，它是在哥斯达黎加的CATIE（热带农业研究机构）中产生的，因其独特的类似于摩卡的香味而广受喜爱。我在2005年参观过CATIE植物园，在那里见到了瑰夏咖啡树，不过那时的瑰夏还不像现在这么有名。

虽然现在满世界都在聊咖啡，不过还是有很多人不是非常明白“种”与“品种”的区别。实际上，“种”包含“品种”，而“品种”包含“栽培品种”，或在特定产地才能见到的“亚种”。“阿拉比卡种”这种说法是正确的，但如果说是“铁皮卡种”就不对了。正确的说法应该是“阿拉比卡种中的铁皮卡”或“铁皮卡品种”，也可以将其简单地称为“铁皮卡”。

●阿拉比卡种的主要品种

品种名称	起源
铁皮卡（Typica）	埃塞俄比亚 传播途径： 印度尼西亚—荷兰—法国
波旁（Bourbon）*1	留尼汪岛铁皮卡发生基因突变
玛拉果吉佩（Maragogipe）	巴西玛拉果吉佩铁皮卡发生基因突变
瑰夏（Geisha）	源自埃塞俄比亚的瑰夏地区
卡杜拉（Caturra）	巴西的波旁发生基因突变
肯特（Kent）	源自印度的肯特农园
SL28	坦桑尼亚 波旁系
SL34	肯尼亚 波旁系
蒙多诺沃（Mundo Novo）	苏门答腊（Sumatera，铁皮卡的亚种）和波旁杂交而成
卡杜阿伊（Catuai）	波旁和卡杜拉杂交而成
混合品种：卡蒂莫（Catimor）	CIFC（葡萄牙）混合品种蒂姆（Timor）*2 与卡杜拉杂交而成
混合品种：哥伦比亚（Colombia）	哥伦比亚 混合品种蒂姆（Timor）*3 与卡杜拉杂交而成
混合品种：伊卡图（Icatu）	巴西 药物处理过的卡内弗拉种与波旁品种杂交后产生的品种再与蒙多诺沃杂交而成
混合品种：鲁依鲁11（Ruiru11）	卡蒂莫与 SL28 系的杂交品种*4，再与 SL28 再次杂交而成
混合品种：S795	印度 阿拉比卡与利比里亚种（Liberica）杂交产生 S288，再与肯特杂交而成

＊1 有红色果实的红波旁（Red Bourbon）与黄色果实的黄波旁（Yellow Bourbon）。卡杜拉、卡杜阿伊、哥伦比亚等也都一样。

＊2 在蒂姆发现的阿拉比卡种与罗布斯塔的杂交品种。也称 HdT。

＊3 与形成卡蒂莫的不是一个亚种。

＊4 SL28 中耐病性强的 K7 和 HdT 等杂交而成。

Q85

卡内弗拉种包含哪些品种？

卡内弗拉种中广为人知的品种有罗布斯塔、科尼伦等。

卡内弗拉种与阿拉比卡种不同，其与众不同的特性无法遗传，品种的纯度不高，类别也不多。因为产地不同，为了适合土壤特性，就会产相应的品种。

这样说来，卡内弗拉种中的优秀品种是不是无法遗传呢？在生产地，人们会通过“克隆技术”来繁衍优秀品种。这里的克隆可不是那种先进的高科技生物技术，它指的其实是“扦插”。截取卡内弗拉种中优秀品种的咖啡树枝，将其插入培养土中，就能很容易生出根来。这样长出的咖啡树和母株有着完全相同的遗传特性。

当然也可以进行“嫁接”。比如说将果实好的A品种的枝条与根系好的B品种的枝条进行嫁接，A枝在上，插入削开的B枝中，用绳子绑好后，将B枝的部分栽种到土壤中，这样我们就得到了果实好、根系也发达的树苗。

如果从嫁接部分砍断，再长出来的果实就会表现出 B 品种的特性；如果用嫁接成功的树苗中采下的枝条进行克隆，那么克隆出的果实也会表现出 A 品种的特性。

嫁接也可以在卡内弗拉种与阿拉比卡种之间进行。阿拉比卡种的优良果实与卡内弗拉种易生长的特性结合后，就能在阿拉比卡种无法生长的土壤或线虫遍布的地方种植阿拉比卡种了。通过这种方法长出的咖啡果实，将全部表现为阿拉比卡种的特性。

●卡内弗拉种的主要品种

品种名称	起源
罗布斯塔（Robusta）	维多利亚湖（肯尼亚、坦桑尼亚、乌干达的非洲最大的淡水湖）西边
蔻依萝（Kouillou）/科尼伦（Conillon）	维多利亚湖西边，巴西将该地称为科尼伦

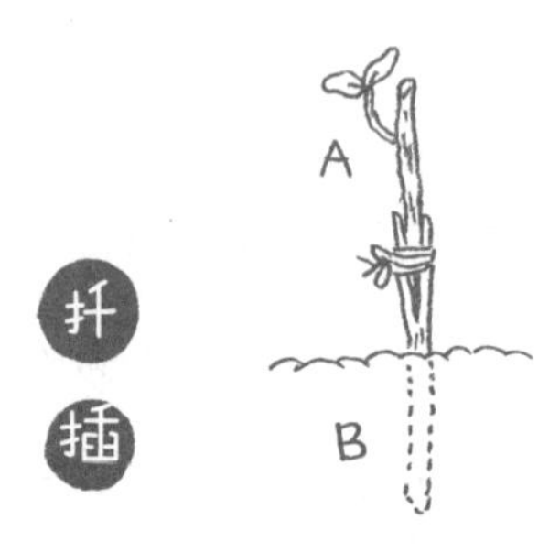
扦
插
A
B
种植在土壤中

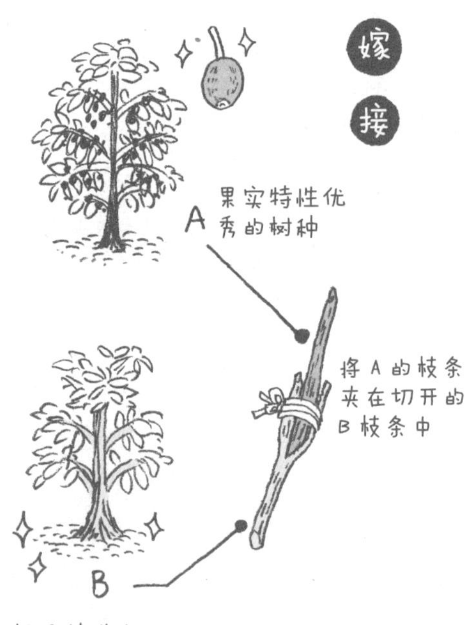
嫁
接
A
果实特性优
秀的树种
将A的枝条
夹在切开的
B枝条中
B
根系特性优
秀的树种

Q86 咖啡的杂交指的是什么？

将两种不同的品种组合出的新品种，称为混合品种。

植物学中说的“混合品种”，指的就是“杂交品种”。拿咖啡来说，混合品种通常指阿拉比卡种和其他品种杂交而成的品种（参照 Q84 的表格）。为什么人们会想让阿拉比卡种与卡内弗拉种进行杂交呢？因为卡内弗拉种易于生长，而阿拉比卡种抗病害能力弱，杂交可以改善阿拉比卡种的不良属性。

咖啡杂交的培育方法与其他植物差不多，是在阿拉比卡种的雌蕊中放上其他品种的花粉。但是，说起来容易，做起来就不简单了。因为阿拉比卡种与卡内弗拉种的染色体数目不同，两者结合后不会产生后代。

直到在蒂姆岛上发现混合品种蒂姆后，人们才解决了这个难题。混合品种蒂姆，是阿拉比卡种和突变后与阿拉比卡种染色体数相同的卡内弗拉种杂交而成的，它兼有卡内弗拉种易于生长的特质，之后，再将它和各地的阿拉比卡种杂交，产出不同亚种的蒂姆咖啡树种。将混合品种蒂姆与卡杜拉杂交，便产生了有名的卡蒂莫、哥伦比亚咖啡树种。

在印度发现了阿拉比卡种与利比里亚种杂交产生的品种S288。再用S288与肯特杂交后，便产生了S795。这是印度以及印度尼西亚主要栽种的品种。

另一种培植混合物种的方法，是利用生物碱人为地改变卡内弗拉种的染色体个数，之后再将其与阿拉比卡种进行杂交。巴西生产的混合品种伊卡图就是将药物处理过的卡内弗拉种与阿拉比卡种进行杂交应用的起点。虽然说，用药物处理的物种可能存在很多未知的问题，不过在日常生活中，我们确实享受着这种技术带来的诸多好处，比如无籽葡萄、无籽西瓜等。

最初人们培育混合品种的目的是为了提高抗病害能力，近几年，由于消费国对咖啡豆的味道越来越重视，现在很多混合品种的产生，不仅是为了方便栽种，更多考虑的是口味。

阿拉比卡小姐请尽量避免外出。
头晕……
把我的血分你一些。
谢谢你，卡内弗拉小妹妹！
头晕……
混合品种

Q87

传统品种的咖啡味道会更好一些吗？

近来，关于咖啡品种的话题谈得越来越多了，人们对铁皮卡、波旁等闻名已久的品种评价非常高。人们如此热衷咖啡，渴望了解咖啡的知识，我觉得是非常难得的。不过我也认为，太信仰咖啡品种论，可能会得“传统品种依赖症”哦。

对于销售咖啡的人来说，我希望他们不要只顾商业利益，最好也能给消费者传达一些咖啡的正确信息。对于购买者，我希望大家能够提升自身对信息的判断力。

因为工作的关系，我去过很多的咖啡产地，调查过很多地方的咖啡品质。我收到过来自不同产地的各种咖啡豆，用科学的方法对其进行分析和评价。一句话概括，我认为咖啡的品种只是保证咖啡质量的要素之一，土壤、海拔等地理条件，降水量、气温等气候条件，收获后的精选工程，都对咖啡的品质有一定的影响。如果无视这些因素，只一味地追求品种，那就大错特错了。

即使地理条件、气候条件、精选方法完全一样，不同品种需要的种植条件也不一样。为了生产出味道好的咖啡豆，我们需要栽种符合土壤条件的品种，不能一律都栽种铁皮卡或波旁。

患了“传统品种依赖症”的人，往往会拒绝改良品种的咖啡豆，他们反感所有阿拉比卡种与卡内弗拉种杂交的混合品种。的确，开发混合品种的目的是为了增强抗病害能力、提高产量，而并非是对味道进行改良，但即便如此，也不能说混合品种的味道就不好呀。

不要因为品种论，就影响了你对咖啡豆味道的客观评价。在咖啡的世界里，存在着很多味道不好的铁皮卡品种与味道好的混合品种。原本味道很好的咖啡，因为品种的原因，就被不公正地评价为“味道不好”，这是非常令人遗憾的。这样做，既是对金钱的浪费，也是对咖啡的浪费。

后记

看到这里，不知道这本书能否有幸成为你在咖啡世界中旅行的指南手册呢？“科学”是一个非常有趣的“指南针”，我努力地想成为一个很好的向导，把咖啡的趣味性传递给你，希望这本书能给你带来帮助。在成书过程中，我也遇到了一些困难，文中可能有表达不是很到位的地方，有机会的话，下次一定会做一些更详尽的说明。关于咖啡的乐趣以及咖啡深奥的内涵，我还有很多很多的内容想和你分享。这次就先到这里吧。

我要对一直给予我鼓励的、素有“咖啡巴赫”“日本咖啡之神”之称的田口护先生，静雄料理教育研究所的山内秀文先生，帮我补充很多咖啡知识的研究员兼兄长川岛良彰先生以及帮这本书绘上生动活泼的插图的川口澄子女士，表示最诚挚的感谢。

另外，还要向一直给予我大力支持的石光商事株式会社以及一起工作的同事和家人们表示深深的感谢。

石胁智广

名词解释

咖啡果

咖啡树的果实。

咖啡生豆

从收获的咖啡果中取出种子，将其晒干。向国外出口前，还要对种子的规格进行筛选。

咖啡豆

指生豆烘焙后的状态或烘焙后将其磨成粉的状态。也就是是所谓的“传统咖啡”。

黏质物

内果皮表层覆盖的一层黏性物质。因为有黏性，所以不处理掉会比较麻烦。精选时会将其做干燥处理（非水洗式、半水洗式），或直接处理（水洗式），不管怎样，这层黏质物都要去掉。由于不溶于水，因此要借助酵素或微生物的力量将其发酵分解，再用水冲掉或强行剥掉。

内果皮

覆盖在生豆或种子表层的薄薄软壳。覆盖着内果皮的生豆被称为“羊皮纸咖啡豆”。

熟度

咖啡果从又青又小的未成熟状态（未成熟果实）逐渐长成又大又成熟的状态（全熟果实），最后发展成为熟透的状态（过熟果实），这种成熟的程度被称为熟度。越接近成熟的状态，熟度就越高。从不同熟度的果实中取出的种子，也被相应地称为未成熟豆、全熟豆、过熟豆。一般情况下，生豆就是这些不同成熟度的种子的混合物。

每一批次中全熟豆的比例，也被称为熟度。

精选

将种子从咖啡果中取出，干燥后制成生豆，并且一直加工到出口状态，这个连续的生产过程被称为“精选”。精选的第一步是将咖啡果加工成生豆，本书中称为“精制”；第二步是对生豆进行筛选，本书中称为“分选”。

精制

将种子从咖啡果中取出、干燥，再加工成生豆的生产过程，就是精制。方法有水洗式、非水洗式、半水洗式、苏门答腊式。

水洗式

用专门的咖啡果碎浆机剥掉果肉，去除黏质物并对羊皮纸咖啡豆进行干燥的精制方法，叫作水洗式。某些类型的碎浆机还有筛除未成熟果的功能。

非水洗式

将咖啡果烘干后再进行加工的精制方法，叫作非水洗式。这种方法简单，而且能加工出水洗式所没有的风味。

半水洗式

用碎浆机剥掉果肉，将有黏质物的羊皮纸咖啡豆进行烘干的精制方法，叫作半水洗式。也有人将这种方法称为“Semi washed”，意思是在水洗式中强行将黏质物去掉。为了避免读者概念模糊，本书并没有太多提及。

苏门答腊式

在生豆水分还很多的时候，将一直到内果皮的部分都剥掉再进行干燥的精制方法，叫作苏门答腊式。由于是在水分很多的状态下剥离果皮，所以加工好的生豆是深绿色的。

脱壳

将果壳剥掉、取出种子的过程，叫作脱壳。在用非水洗式加工时，果壳指的就是烘干了的果皮、果肉、黏质物、内果皮这几部分的总和。在用其他精制方法时，果壳指的仅仅是内果皮（如果是用半水洗式的精制方法，内果皮表面还会有干燥的黏质物附着）的部分。以上这些情况，都是脱壳。

分选

将生豆按尺寸进行筛选，将有缺陷的生豆去掉，并将其一直加工到出口规格。

脂类

咖啡豆中含有“油脂”或“蜡”。脂类，就是指不溶于水而溶于有机溶媒的物质，是咖啡豆的主要成分之一。

氨基酸

是由氨基和羧基构成的物质的总称，是构成咖啡香味、颜色、苦味的来源。

蛋白质

由成百上千的氨基酸组成。蛋白质是咖啡豆的主要成分之一，它构成了咖啡豆的主体。咖啡豆中的蛋白质溶于水后，会赋予咖啡浓厚的口感。酵素也是蛋白质，生豆中含可以分解黏质物、脂肪的酵素。

低聚糖类

指单糖（葡萄糖等）或数个单糖结合成的糖类（砂糖）等，它是咖啡酸味、香味、颜色、苦味的来源之一。

多糖类

是由数十个以上的单糖构成的糖类。它是咖啡豆中含量最多的成分，也是构成咖啡豆主体的成分。咖啡豆中的多糖类溶于水后，会赋予咖啡浓厚的口感。

绿原酸类

是咖啡酸与奎宁酸按照 1 ： 1 结合而成的绿原酸及其类似物质的总称。从构造上来说，它被称为“咖啡多酚”，从性质上来说，它又被称为“咖啡丹宁酸”。绿原酸类是咖啡酸味、香味、颜色、苦味的来源之一。

美拉德反应

糖类与氨基酸遇热后呈褐色化的反应。咖啡豆的褐色化反应要复杂些，它与糖类受热焦糖化或生成绿原酸类有关。发生美拉德反应时，咖啡的香味会逐渐形成。不同的糖类、氨基酸以及含量的多少，用什么温度进行加热，都会影响咖啡的香味。

焦糖化

糖类遇热发生的褐色化反应。

气体阻隔性

包装材料对气体阻隔的性质。比如气球会逐渐变瘪，是因为橡胶类材质的气体阻隔性低。如果想长时间保存咖啡，就要选择气体阻隔性高的包装，只有这样，才能有效避免导致咖啡劣化的氧气和水蒸气。

气阀

为了让气体排到外面，就要在包装材料上安装气阀。烘焙后的咖啡豆中富含大量二氧化碳，可以通过气阀一点点地排放到包装外面。将释放出的二氧化碳去除的手法叫“去气(degas)”，在包装材料上安装气阀就是“去气”的方法之一。市面上销售的气阀种类很多，有些气阀的耐久性较差，还有些不是“单向”的，因此要结合设定的保质期，选择合适的气阀。

湿度

咖啡豆的含水量会随周围湿度的变化而变化。含水量在12%的生豆，相当于空气中的湿度在60%~70%。如果周围的湿度高于这个数值，生豆就会吸收空气水分，含水量就会增加；反之，如果周围的湿度低于这个数值，生豆中的水分就会减少，含水量也会下降。烘焙豆的含水量最多相当于空气湿度在30%的程度，所以，除非在特殊环境中，否则烘焙豆一般都会吸收空气中的水分。

直火式、半热风式

按照烘焙机构造进行分类（恐怕只有日本这样分）。在对滚筒状的烘焙室（放入咖啡豆的地方）直接加热的烘焙机中，滚筒壁有孔的是直火式，滚筒壁无孔的是半热风式。半热风式烘焙室的后方（取出咖啡豆的反方向）有一个能吸入少量热流的装置，但效果并不显著。

导热

如果物体间有温差，温度就会由高的一方传到低的一方，这种现象叫作导热。导热的方式有三种。第一种是固体间的导热，烘焙机的原理就是通过咖啡豆与烘焙室接触的点来传递热量，热量会从咖啡豆的表层传递到中心；第二种是气体或液体通过“对流”导热，加热的空气通过“对流”将热量传给咖啡豆；第三种是“辐射”，辐射是通过红外线来导热，热源的材质不同，红外线的能量也不同，因此受红外线影响的物体的升温方式也不同。陶瓷热源的直火式烘焙机可以利用能量小的远红外线来加热物体。炭火热源的直火式烘焙机不仅可以利用远红外线，也可以利用能量更大的近红外线来加热物体。

温度曲线

用图表来表现不同时间相应的温度变化，这是烘焙中咖啡豆升温方式的参考标准。即使用相同的生豆烘焙到相同的颜色，如果温度曲线不一样，咖啡豆的风味也会不一样。

烘焙度

表示加热程度的指标。大致可分为“轻度烘焙”“中度烘焙”“深度烘焙”几类。一般情况下将其分为“轻度烘焙、肉桂烘焙、中度烘焙、中深度烘焙、城市烘焙、全城烘焙、法式烘焙、意式烘焙”等八个阶段。如果想用具体数值来表示烘焙程度，烘焙时就可以用咖啡豆质量的减少量来表示，或用机器来测量烘焙豆的颜色。一般人们会用色差计测量烘焙豆的明亮度，咖啡业界将这个数值称为“L 值”。

害虫

咖啡树的害虫，有钻入咖啡果内啃食种子的咖啡果小蠹、破坏根系的线虫等。

病害

咖啡树的病害，包括破坏树叶导致树木枯萎的锈病、破坏根系导致根部枯萎的凋萎病和破坏咖啡果使产量下降的 CBD（Coffee Berry Disease）病等。

死豆

死豆在烘焙时的着色和正常咖啡豆明显不同，因为死豆中缺少生豆着色时必需的成分。

瑕疵

外观异常的生豆以及石头等异物的总称。大多数瑕疵会在精选过程中被筛除掉，很多咖啡生产国都在出口规格中规定了瑕疵数量。

图书在版编目（CIP）数据

你不懂咖啡 / (日) 石胁智广著；从研喆译. -- 南京：江苏凤凰文艺出版社, 2021.8 (2024.4重印)
ISBN 978-7-5594-6103-2

Ⅰ. ①你… Ⅱ. ①石… ②从… Ⅲ. ①咖啡 – 基本知识 Ⅳ. ①TS273

中国版本图书馆CIP数据核字(2021)第138044号

你不懂咖啡

[日] 石胁智广 著　从研喆 译

责任编辑　王昕宁
特约编辑　周晓晗
责任印制　刘　巍
出版发行　江苏凤凰文艺出版社
　　　　　南京市中央路165号，邮编：210009
网　　址　http:// www.jswenyi.com
印　　刷　天津联城印刷有限公司
开　　本　880毫米×1230毫米　1/32
印　　张　8
字　　数　140千字
版　　次　2021年8月第1版
印　　次　2024年4月第5次印刷
书　　号　ISBN 978-7-5594-6103-2
定　　价　52.00元

快读·慢活®

从出生到少女，到女人，再到成为妈妈，养育下一代，女性在每一个重要时期都需要知识、勇气与独立思考的能力。

“快读·慢活®”致力于陪伴女性终身成长，帮助新一代中国女性成长为更好的自己。从生活到职场，从美容护肤、运动健康到育儿、家庭教育、婚姻等各个维度，为中国女性提供全方位的知识支持，让生活更有趣，让育儿更轻松，让家庭生活更美好。